凤凰汉竹

汉竹主编●健康爱家系列

陆羽茶经 经典本

[唐] 陆羽 著

王建荣 编译

元 赵原 陆羽烹茶图

江苏凤凰科学技术出版社

·南京·

凡例

一、底本讹误，在原文中径行校改，并在注释中注明校改依据，不再单独列出校勘记。

二、底本中的注释，原以双行小字列于正文中，为与原文区别，今不列于正文中，但在每章前的古文复原图中有所呈现。

三、为便于读者理解原文，翻译时以达意为目的，不尽拘泥于原文字句。

四、原文中的古诗，只酌加注释，不翻译为现代汉语。

五、古文复原图中进行了句读，方便读者诵读。

推荐序一

茶既包含着严谨的自然科学，又蕴藏着深厚的人文精神。中国是茶叶的故乡，而《茶经》是当之无愧的茶之初考究著作，自它起才有了真正的“茶的律则”。从生食羹饮，到唐煮宋点明泡，再到“技进乎艺，艺进乎道”的哲学境界，茶承载着中华文化的传承与变迁。

流传于世的《茶经》版本众多，历来整理校注《茶经》者代不乏人，对《茶经》的研究文献也可谓汗牛充栋，但至今存疑处仍不在少数。作为茶学经典，解读《茶经》需要有扎实的茶学专业知识，也要对传统文化有深刻的认识。

本书编译者王建荣，大学专业习茶，躬身实践，致力于茶文化的传播与推广。三十载初心不改，其问茶、研茶的科学态度令人钦佩。编译者选择南宋咸淳百川学海本《茶经》作为底本，同时参校其他版本进行解读。原文点校后，进行了句读，便于诵读。书中做了古文复原呈现，并配有历代茶画和茶具还原图，简明易懂。建荣的某些解读拔新领异，在诸多研究《茶经》的著作中独树一帜。比如茶树生产环境“阳崖阴林”包含四层含义：阳，向阳；崖，意指坡的同时点出了土壤为烂石；阴林，有大树遮阴。又比如“凌露采焉”，并非指趁着露水采茶，而是指凌晨有露水的日子必然晴好，此大晴天采茶。

《茶经》的长盛不衰，从另一方面显示出人们对于茶的探索一直没有停歇。从种茶、制茶到饮茶，《茶经》中的方式历经千年，依然有着重要的意义。循着茶学经典的传承与创新，从中寻找自己喜欢的茶生活状态，就是《茶经》的现代意义所在。

王建荣先生对于《茶经》的解读，会帮助更多爱茶人士推开《茶经》背后的传统文化之门。希望广大读者阅读本书后爱上茶，获得身体和精神上的享受。是为序。

中国工程院院士、中国茶叶学会名誉理事长

陳宗懋

推荐序二

将茶叶栽种、制作、品饮技艺，与“经”相提而论，自陆羽始。一千多年来，陆羽《茶经》一直为事茶人品读的经典。因此，点校、注译和解读《茶经》的读物层出不穷，有侧重在文史的，有侧重在技艺的，适应不同读者群的需求。

建荣编译的《陆羽茶经：经典本》，充分发挥他茶学科班出身和长期在中国茶叶博物馆工作的优势，有着技艺和文史双重特色。

《茶经》记述的团饼茶制作和碾末烹煮，建荣是亲手复原过的，他把实际操作化成手绘插图，不仅使文字鲜活生动起来，还为欲尝试复原制作者提供了“按图索骥”的门径，享受动手之乐。

《茶经》所记茶鍑、茶碾、茶碗等器具，建荣是上手过许多唐物的。他精选图录插入文中，让读者有形象感受，并可从古器中获得审美愉悦。

本书特将所选宋刻百川学海本《茶经》，由书法家书写呈现，读者抚摩朗读，虽不及线装古本，却也可体验一把古人红袖添香夜读书的雅趣。

还有在文本上，如对“凌露采焉”等关键词，建荣有他独特的解读，期待同好者深入研讨。

总之，这是本值得一读并可收藏的好书。

茶文化专家、《茶博览》前主编

阮浩耕

茶经卷下

目录

茶经卷上

茶经卷中

上。園者次。陽崖陰林。紫者上。綠者次。笋者上。芽者次。葉卷上。葉舒次。陰山坡谷者。不堪採掇。性凝滯。結瘕疾。茶之為用。味至寒。為飲。最宜精行儉德之人。若熱渴。凝悶。腦疼。目澁。四支煩。百節不舒。聊四五啜。與醍醐甘露抗衡也。採不時。造不精。雜以卉莽。飲之成疾。茶為累也。亦猶人參。上者生上黨。中者生百濟。新羅。下者生高麗。有生澤州。易州。幽州。檀州者。為藥無效。況非此者。設服薺苨。使六疾不瘳。知人參為累。則茶累盡矣。

古法今观

此篇所述好茶的栽培、评判标准，随着时代更迭不断变化，而今有的标准已然废止，但对「茶德」的推崇，却由此而起，无论是陆羽的「最宜精行俭德之人」，还是「茶之十德」，中国茶文化精神已融入生活，居不可无茶。

一之源

开篇，陆羽不仅从茶的缘起、形貌、字源、生长条件、栽培方法、鉴别方法和效用七个方面，最本真地将茶全面展示，更是道出了中国「茶德」的发端。自此，饮茶这件事的精神层面得到了极大提升。

茶經卷上

竟陵陸　羽　撰

一之源

茶者。南方之嘉木也。一尺二尺乃至數十尺。其巴山峽川。有兩人合抱者。伐而掇之。其樹如瓜蘆。葉如梔子。花如白薔薇。實如栟櫚。莖如丁香。根如胡桃。瓜蘆木。出廣州。似茶。至苦澀。栟櫚。蒲葵之屬。其子似茶。胡桃與茶。根皆下孕。兆至瓦礫。苗木上抽。其字。或從草。或從木。或草木并。從草。當作茶。其字出開元文字音義。從木。當作梌。其字出本草。草木并。作荼。其字出爾雅。其名一曰茶。二曰檟。三曰蔎。四曰茗。五曰荈。周公云。檟。苦荼。揚執戟云。蜀西南人謂茶曰蔎。郭弘農云。早取為茶。晚取為茗。或一曰荈耳。其地。上者生爛石。中者生櫟壤。下者生黃土。凡藝而不實。植而罕茂。法如種瓜。三歲可採。野者

茶者，南方之嘉木也。一尺[1]、二尺乃至数十尺。其巴山峡川，有两人合抱者，伐而掇(duō)之[2]。

译文 茶，是生长在南方地区的一种优良树木。树高一尺、两尺甚至数十尺。在巴山、峡川一带（今四川东部、重庆和湖北西部），有树干粗到两个人才能合抱的大茶树，将树枝砍下来才能摘取茶叶。

其树如瓜芦[3]，叶如栀子[4]，花如白蔷薇[5]，实如栟榈(bīng lǘ)[6]，茎如丁香[7]，根如胡桃[8]。

译文 茶树树形长得像瓜芦，叶子像栀子叶，花像白蔷薇，果实像棕榈子，茎如同丁香茎，根如同胡桃树根。

---

〔1〕尺：唐尺有大尺和小尺之分，唐代小尺约为30厘米，大尺约为36厘米。此外，唐代的一丈等于十尺，一尺等于十寸，一寸等于十分。

〔2〕伐而掇之：伐，砍下枝条；掇，采、摘。

〔3〕瓜芦：植物名。历来有多种说法，应为皋芦的别称。皋芦，常绿灌木，山茶科，与茶相似，味道苦涩，惟枝干较粗大；花白色，比茶花略大，分布云南、四川、广东等地。

〔4〕栀子：植物名。茜草科常绿灌木，夏季开花，花白色。

〔5〕白蔷薇：植物名。蔷薇科落叶灌木，这里指开白花的蔷薇，其形态与茶花相像。

〔6〕栟榈：植物名。即棕榈，属棕榈科，核果近球形，淡蓝黑色，有白粉。

〔7〕茎如丁香：丁香，植物名，桃金娘科常绿乔木。《百川学海》本此句为"叶如丁香"，误，据涵芬楼本改。

〔8〕胡桃：植物名。核桃科植物，根系可深达3米。

叶如栀子

茶叶

栀子叶

花如白蔷薇

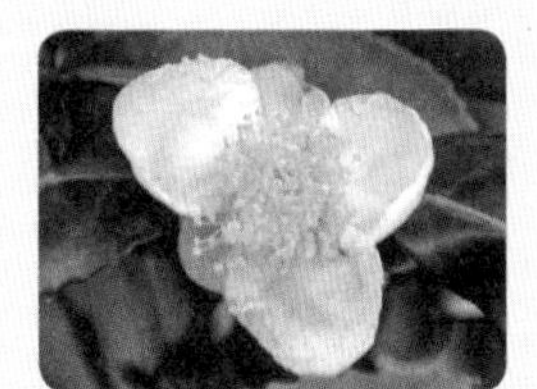

茶花

蔷薇花

实如栟榈（棕榈）

茶籽（实）

栟榈实

茎如丁香

茶茎

丁香茎

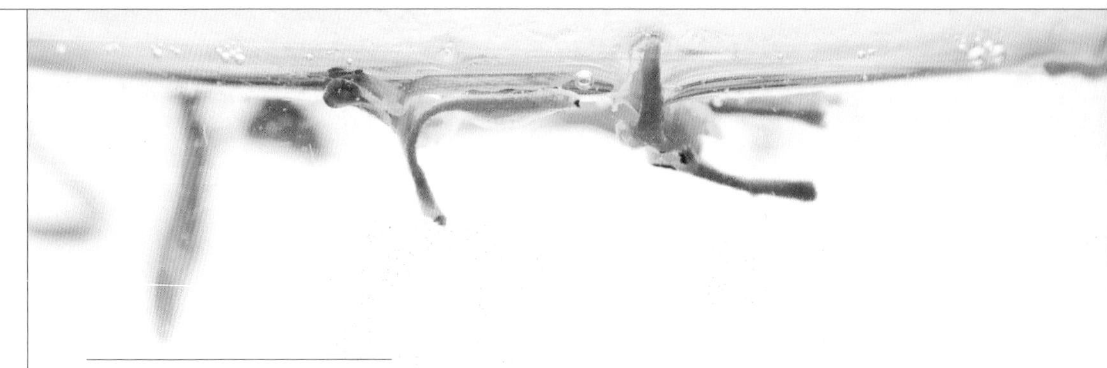

其字，或从草，或从木，或草木并[1]。其名，一曰茶，二曰檟(jiǎ)[2]，三曰蔎(shè)[3]，四曰茗，五曰荈(chuǎn)[4]。

译文　“茶”这个字，从部首来说，有属草部的，有属木部的，有并属草、木两部的。茶的名称，一称茶，二称檟，三称蔎，四称茗，五称荈。

其地，上者生烂石[5]，中者生砾壤[6]，下者生黄土。凡艺[7]而不实[8]，植而罕茂，法如种瓜，三岁可采。

译文　茶树生长的土壤，上等茶生长在岩石充分风化的土壤中，中等的茶生长在砂质土壤，下等茶生长在黄色黏土中。种茶不用种子栽种，通常茶树长得不太茂盛。种茶的方法和种瓜差不多，一般种植三年后可以采摘。

〔1〕从“草”之字，写作“茶”，见《开元文字音义》；从“木”之字，写作“𣗪”，见《本草》；“草”“木”兼从之字，写作“茶”，此字见《尔雅》。《百川学海》本此处误将“茶”写成“茶”。

〔2〕檟：《尔雅》中写道“檟，苦茶”，古人认为《尔雅》为周公所著。《百川学海》本中写成“價，苦茶”，误，据《尔雅》改。

〔3〕蔎：本指香草，亦指茶，据扬雄《方言》“蜀西南人谓茶曰蔎”。

〔4〕荈：郭璞在《尔雅》注中说道：早采的叫作茶，晚采的叫作茗，或叫作荈。

〔5〕烂石：岩石经过充分风化后形成的土壤。肥力高，排水性好。

〔6〕砾壤：砾，原作“栎”，今据竟陵本改。指砂质土壤或砂壤。

〔7〕艺：种植。

〔8〕实：种子、果实。

◉笋者，芽叶长，芽头肥壮

◉牙者，芽叶短而细瘦

◉叶卷，嫩度好，上乘原料

◉叶舒，嫩度差，质量较差

野者上，园者次。

译文 茶叶的品质，以山野自然生长的为好，在园圃栽种的较次。

阳崖阴林[1]，紫者上[2]，绿者次。笋者上，牙者次。叶卷上，叶舒次。

译文 在向阳山坡，烂石土壤，林荫覆盖下生长的茶树：芽叶呈紫色的为好，绿色的差些；芽叶以外形肥壮如笋的为好，芽叶细弱的较次；叶反卷的为好，叶面平展的次之。

阴山坡谷者，不堪采掇（duō），性凝滞，结瘕（jiǎ）疾[3]。

译文 生长在背阴面的山坡或谷地的茶叶，不值得采摘，因为这里生长的茶叶性质凝结积滞，饮用后会使人腹中结块而生病。

---

〔1〕阳崖阴林：崖，山坡。此处仅四个字，却描述出种植好茶树需要满足的四个条件：向阳、山坡、烂石、有大树遮阴。

〔2〕紫者上：此句有多种解释，吴觉农认为，唐代无发酵茶，只有蒸青制茶，紫色茶较符合当时品饮习惯。

〔3〕瘕：中医把气血在腹中凝结成块称“瘕”。

茶之为用，味至寒，为饮，最宜精行俭德之人。

译文 茶性寒凉，作为饮品，最适合精进行事并且节俭的贤德之人。

若热渴、凝闷、脑疼、目涩、四支烦、百节不舒，聊四五啜(chuò)〔1〕，与醍醐(tí hú)〔2〕、甘露抗衡也。

译文 如果燥热烦渴，胸闷，头疼，眼睛干涩，四肢疲乏，身体关节不舒服，略微喝上四五口茶饮，其效果可以和饮用醍醐、甘露相匹敌。

采不时，造不精，杂以卉莽〔3〕，饮之成疾。

译文 如果茶叶采摘不适时，制造不够精细，夹杂了野草败叶，喝了这样的茶叶泡出的茶，就会生病。

---

〔1〕聊四五啜：聊，略微；啜，饮的意思。

〔2〕醍醐：经过多次制炼得乳酪，人间美味。另有佛性的含义。

〔3〕卉莽：野草。

茶为累[1]也，亦犹人参。上者生上党[2]，中者生百济[3]、新罗[4]，下者生高丽[5]。

译文　茶的种类繁多且品质各异，如同人参一样。上等的人参产自上党，中等的人参产自百济、新罗，下等的出自高丽。

有生泽州[6]、易州[7]、幽州[8]、檀州者[9]，为药无效，况非此者？设服荠苨[10]，使六疾不瘳[11]。知人参为累，则茶累尽矣。

译文　产自泽州、易州、幽州、檀州的人参，基本就没有什么药效了，何况连这些都不如的呢？倘若误把荠苨当人参服用，将使疾病得不到痊愈。明白了人参品种、产地的多样性和品质、功效的差异性，也就能理解茶叶这四项因素之间的对应关系了。

〔1〕累：叠加之多，陆羽用"累"字概括茶叶品种、产地、品质、功效之间的对应关系。

〔2〕上党：唐代上党郡，为今山西南部长治一带。

〔3〕百济：朝鲜古国，今朝鲜半岛西南部汉江流域。

〔4〕新罗：今朝鲜半岛东南部。

〔5〕高丽：今朝鲜半岛北部。

〔6〕泽州：今山西省晋城市。

〔7〕易州：今河北省易县。

〔8〕幽州：今北京市及周围一带。

〔9〕檀州：今北京市密云县。

〔10〕荠苨：药草名，根茎与人参相似。

〔11〕六疾不瘳：六疾，指寒疾、热疾、末（四肢）疾、腹疾、惑疾（迷乱之疾，精神失常）、心疾。此处泛指各种疾病。瘳，即痊愈。

中。遣無所搖動。

襜。一曰衣。以油絹或雨衫。單服敗者為之。以襜置承上。又以規置襜上。以造茶也。茶成。舉而易之。

芘莉。音杷離。一曰籯子。一曰篣筤。以二小竹。長三尺。軀二尺五寸。柄五寸。以篾織方眼。如圃人土羅。闊二尺。以列茶也。

古法今观

此页所涉及的陆羽时代制茶工具，除了籯和芘莉外，多已不用。籯现在一般称为「茶篓」，依然用于采茶。芘莉如今已不在制茶环节使用，但在其他方面，比如农事活动、建材、化工、印刷等行业会用到类似的工具。

二之具

此节之具，并非品饮所用之具，而是采摘、造茶之具。在陆羽的引领下，通过这些制茶工具，似乎能让你亲眼看到一块茶饼的诞生：采茶、蒸茶、捣茶、拍茶、焙茶、封藏，你不得不感佩，古人的玲珑心思。

二之具

籯（加追反）。一曰籃。一曰籠。一曰筥。以竹織之。受五升。或一斗。二斗。三斗者。茶人負以採茶也。（籯。漢書音盈。所謂黃金滿籯。不如一經。顏師古云。籯。竹器也。受四升耳。）

竈。無用突者。釜。用脣口者。

甑。或木或瓦。匪腰而泥。籃以箄之。篾以系之。始其蒸也。入乎箄。既其熟也。出乎箄。釜涸。注於甑中。（甑。不帶而泥之。）又以穀木枝三椏者制之。散所蒸牙笋并葉。畏流其膏。

杵臼。一曰碓。惟恒用者佳。

規。一曰模。一曰棬。以鐵制之。或圓。或方。或花。

承。一曰臺。一曰砧。以石為之。不然。以槐桑木半埋地

采茶工具

七经目之一所用工具

◉ 籝

可肩背，也可挎腰上，与今之茶篓相似。

籝（yíng）[1]，一曰篮，一曰笼，一曰筥（jǔ）[2]。以竹织之，受五升[3]。或一斗[4]、二斗、三斗者，茶人[5]负以采茶也。

译文 籝，又叫篮，又叫笼，又叫筥。用竹编织，容积五升，也有一斗、二斗、三斗容量的，是事茶之人背着采茶用的。

灶，无用突[6]者。釜，用唇口者。

译文 灶，不要用有烟囱的（使火力集中于锅底）。锅，用锅口有唇边的。

蒸茶工具

七经目之二所用工具

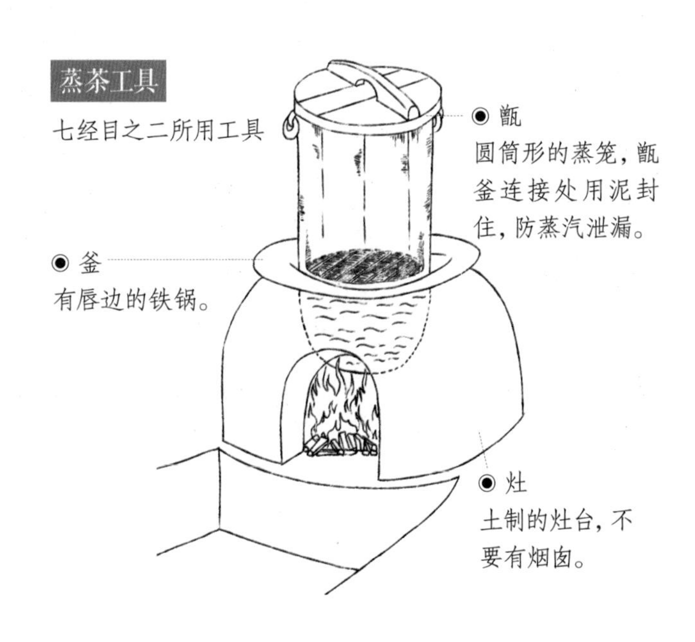

◉ 甑

圆筒形的蒸笼，甑釜连接处用泥封住，防蒸汽泄漏。

◉ 釜

有唇边的铁锅。

◉ 灶

土制的灶台，不要有烟囱。

---

〔1〕籝：竹制的盛物器具。《汉书》有一句话是说，黄金满籝，不如读通一部经书。颜师古《汉书注》中解释为：“籝，竹器也，受四升耳。”

〔2〕筥：圆形盛物竹器。

〔3〕升：唐代一升相当于现在的0.5944升。

〔4〕斗：一斗合10升，约合现在6升。

〔5〕茶人：指事茶之人，即以茶为业的人。现在所讲的“茶人”含义更为宽泛，指的是爱茶之人，不一定要以茶为业。

〔6〕突：烟囱。

甑[1]，或木或瓦，匪腰而泥[2]。篮以箄[3]之，篾[4]以系之。

译文 甑，木制或陶制，分腰式结构，与釜连接处用泥密封。甑内放竹篮作甑箅，用竹片系牢。

始其蒸也，入乎箄；既其熟也，出乎箄。釜涸，注于甑中，又以榖木[5]枝三桠[6]者制之。散所蒸牙笋并叶，畏流其膏。

译文 开始蒸的时候，叶子放到箅里；蒸熟之后，从箅里倒出。锅里的水煮干了，从甑中加水进去，也有用三杈的榖木翻拌。以便蒸后的嫩芽叶及时摊开，从而防止茶汁流失。

蒸茶工具

七经目之二所用工具

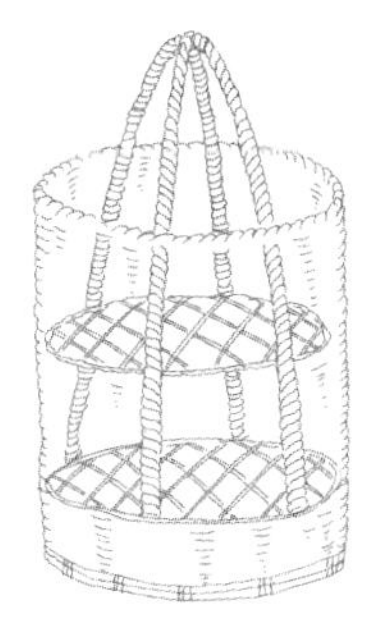

◉ 箄

装在甑里，便于将蒸好的茶叶取出。

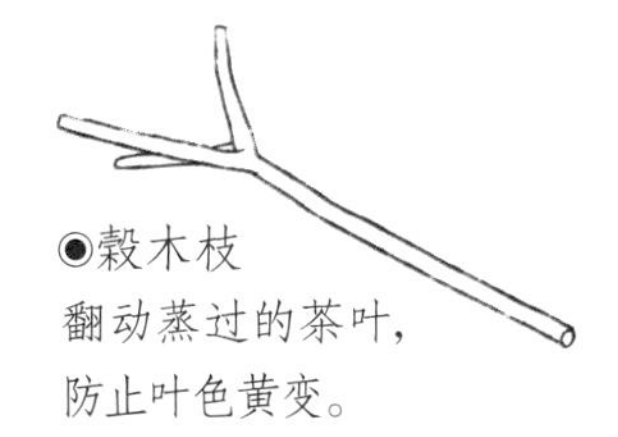

◉榖木枝

翻动蒸过的茶叶，防止叶色黄变。

[1] 甑：古代用于蒸食物的炊器。

[2] 匪腰而泥：匪腰，分腰式结构。泥，用泥封住。

[3] 箄：通"箅"，蒸隔。

[4] 篾：长条细薄竹片。

[5] 榖木：指构树或楮树，桑科，树皮韧性大，无异味。还可用来做绳索。

[6] 三桠：三杈。桠，指木的分叉。底本作"亚"，据照旷阁本改。

捣茶工具

七经目之三所用工具

◉ 杵

一头粗一头细的木棒，用来捣碎茶叶。古也可用来脱粟。

◉ 臼

石头或木头做的，和杵配套使用，茶叶放在其中。

杵(chǔ)臼(jiù)[1]，一曰碓(duì)[2]，惟恒用者佳。

译文 杵臼，又名碓，以经常使用的为好。

规，一曰模，一曰棬(quān)。以铁制之，或圆，或方，或花。

译文 规，又叫模，又叫棬，用铁制成，有圆形的，有方形的，还有花形的。

承，一曰台，一曰砧(zhēn)。以石为之。不然，以槐、桑木半埋地中，遣无所摇动。

译文 承，又叫台，又叫砧，用石制成。若用槐木、桑木做，就要把下半截埋进土中，使它不能摇动。

---

〔1〕杵臼：杵，一般为木制，捣物棒槌。臼，一般为石制，捣物的盆器。用以捣碎蒸熟的茶叶。

〔2〕碓：舂谷用具。

拍茶工具

七经目之四所用工具

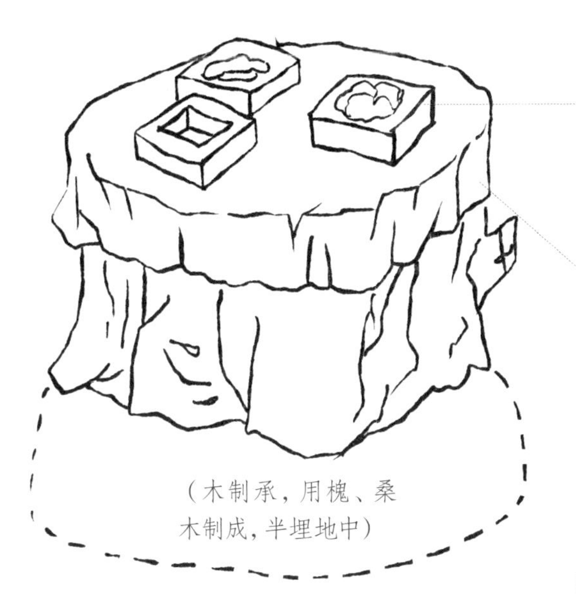

◉ 规
模具，捣过的茶团放进其中拍压紧实，形成不同外形的饼茶。

◉ 襜
铺在承上的油绢、雨衣、或破旧的单衣，拍茶时清洁又便于取茶。

◉ 承
木制或石制的台子，拍茶工序在其上进行。

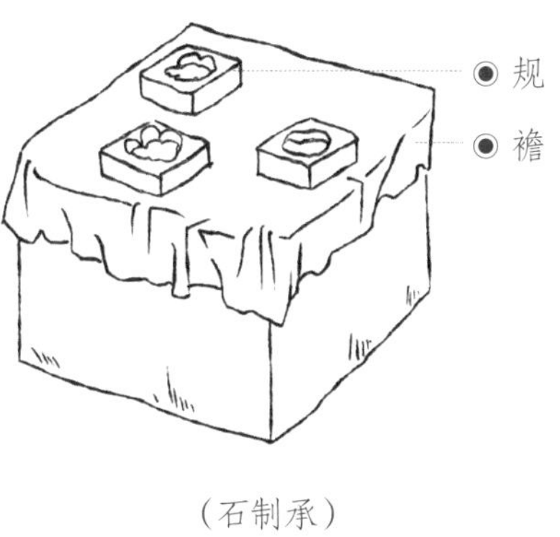

（石制承）

襜(chān)[1]，一曰衣。以油绢或雨衫、单服败者为之。以襜置承上，又以规置襜上，以造茶也。茶成，举而易之。

译文 襜，又叫衣，用油绢、雨衣或破旧的单衣制成。把“襜”放在“承”上，“襜”上再放模具“规”，用来压制饼茶。压成一块后，取出来再做另一个。

---

〔1〕襜：底本作“檐”，指铺在砧上的布。

拍茶工具

七经目之四所用工具

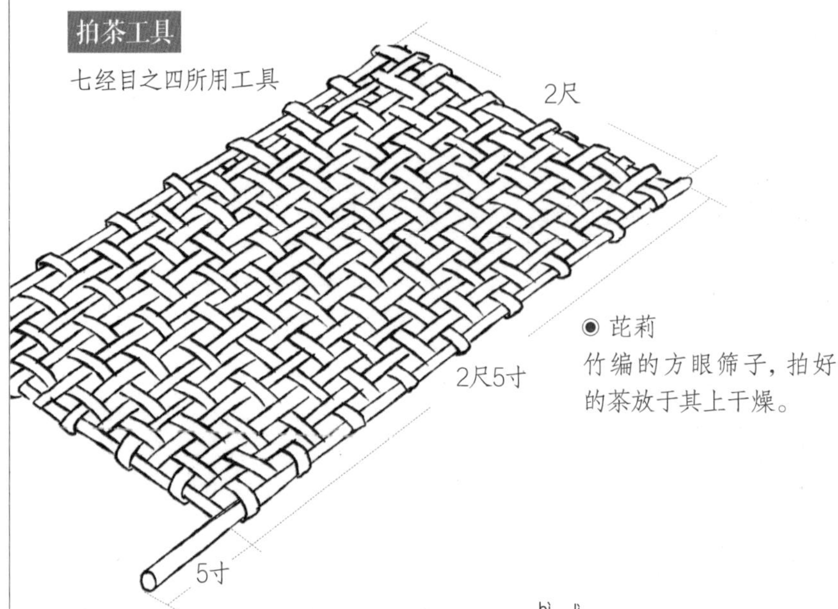

◉ 芘莉

竹编的方眼筛子，拍好的茶放于其上干燥。

芘莉(bì lì)〔1〕，一曰籯〔2〕子，一曰䈽(páng)筤(láng)〔3〕。以二小竹，长三尺，躯二尺五寸，柄五寸。以篾织方眼，如圃人土罗〔4〕，阔二尺〔5〕，以列茶也。

〔1〕芘莉：列茶工具。

〔2〕籯：原作“赢”，当是“籯”之讹，据陆氏本改。

〔3〕䈽筤：竹制，列茶工具。

〔4〕圃人土罗：圃人，种菜的人，农民；土罗，筛土的用具。

〔5〕《百川学海》本此句中的“尺”，全部写作“赤”，据竟陵本改。

译文　芘莉，又叫籯子或䈽筤。用两根各长三尺的小竹竿，制成身长二尺五寸、手柄长五寸、宽二尺的工具，当中用篾织成方眼，好像农民用的土筛，用来放置茶。

明 文徵明—惠山茶会图（局部）

文以平聲書之。義以去聲呼之。其字以穿名之。

育。以木制之。以竹編之。以紙糊之。中有隔。上有覆。下有床。傍有門。掩一扇。中置一器。貯煻煨火。令熅熅然。江南梅雨時。焚之以火。育者。以其藏養為名。

古法今观

此页涉及的制茶工具，大多已不在制茶中使用。只有焙，在如今的焙坑中，还能残留一二。现代使用砌在地面上的圆形焙坑，焙坑中生炭火，上置圆形竹制焙笼对茶进行焙制。另外一种广泛使用的是电焙笼，使用电力生热进行焙制。

棨。一曰錐刀。柄以堅木為之。用穿茶也。

撲。一曰鞭。以竹為之。穿茶以解茶也。

焙。鑿地深二尺。闊二尺五寸。長一丈。上作短墻。高二尺。泥之。

貫。削竹為之。長二尺五寸。以貫茶焙之。

棚。一曰棧。以木構於焙上。編木兩層。高一尺。以焙茶也。茶之半乾。昇下棚。全乾。昇上棚。

穿。音釧。江東。淮南剖竹為之。巴山峽川紉穀皮為之。江東以一斤為上穿。半斤為中穿。四兩五兩為小穿。峽中以一百二十斤為上穿。八十斤為中穿。五十斤為小穿。字舊作釵釧之釧字。或作貫串。今則不然。如磨。扇。彈。鑽。縫五字。

焙茶工具

七经目之五所用工具

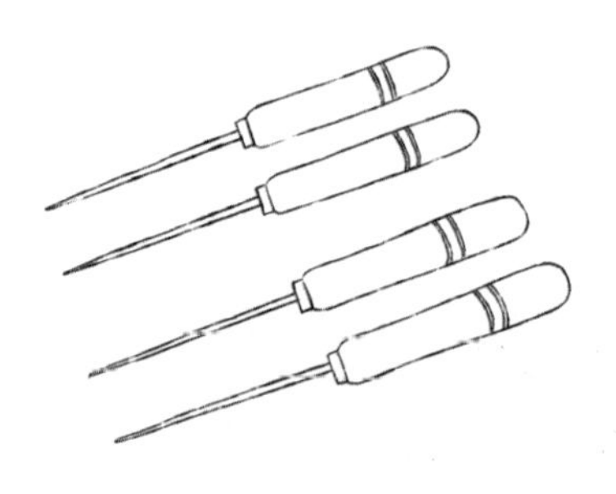

◉ 棨

锥刀，给饼茶中心穿孔。

棨（qǐ）[1]，一曰锥刀。柄以坚木为之，用穿茶也。

译文 棨，又叫锥刀。用坚实的木料做柄，用来给饼茶穿孔。

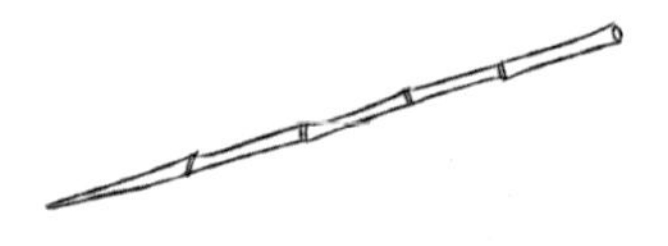

◉ 扑

竹制，刚好可以穿过饼茶被棨打的孔，便于运送茶至焙前。

扑，一曰鞭。以竹为之，穿茶以解（jiè）[2]茶也。

译文 扑，又叫鞭，竹子制成，用来把茶饼穿成串，以便搬运。

焙[3]，凿地深二尺，阔二尺五寸，长一丈。上作短墙，高二尺，泥（nì）[4]之。

译文 焙，地上挖出深二尺，宽二尺五寸，长一丈的坑，上砌二尺高的矮墙，用泥抹平整。

---

〔1〕棨：用来在饼茶上钻孔的锥刀。

〔2〕解：搬运，运送。

〔3〕焙：烘焙茶饼用的焙炉。

〔4〕泥：此处作动词，用泥抹。

焙茶工具

七经目之五所用工具

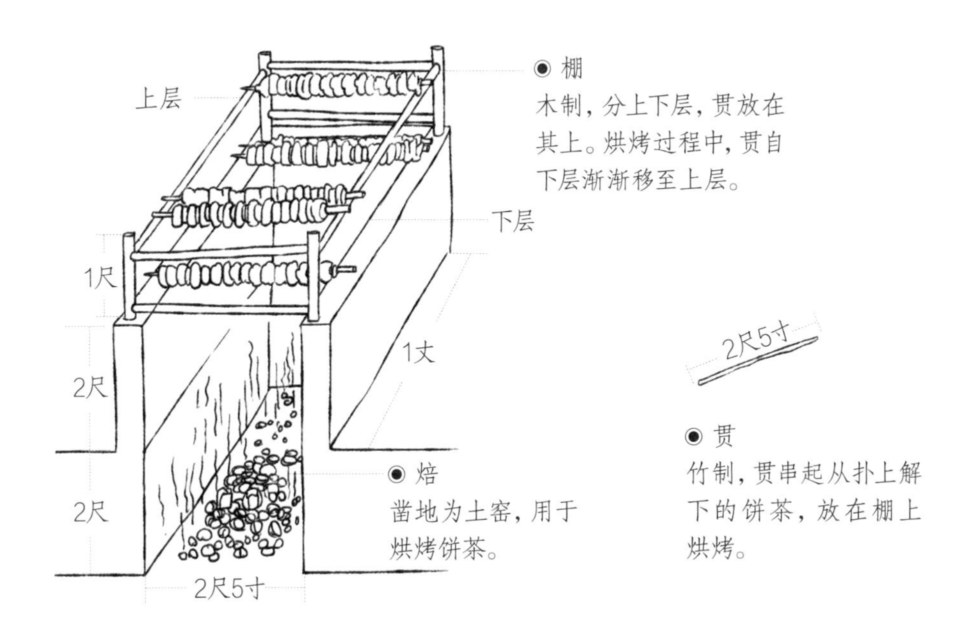

贯，削（xiāo）竹为之，长二尺五寸，以贯茶焙之。

译文 贯，竹子削制成，长二尺五寸，用来串茶烘烤。

棚，一曰栈。以木构于焙上，编木两层，高一尺，以焙茶也。茶之半干，升下棚；全干，升上棚。

译文 棚，又叫栈。用木头做成架子，放在焙上，分作上下两层，两层间相距一尺，用来烘焙茶。茶半干时，放在下层烘焙；全干，再移升到上层。

穿[1]，江东、淮南[2]剖竹为之。巴山峡川[3]纫縠[4]皮为之。

译文　穿，江东、淮南地区剖竹做成；巴山峡川等地把构树皮搓成绳来穿饼茶。

[1] 穿：贯串制好的茶饼的索状工具。

[2] 江东、淮南：江东，唐开元十五道之一，江南东道简称，今长江中下游地区；淮南，淮南道，贞观十道，开元十五道之一，今淮河以南地区。

[3] 巴山峡川：底本作"巴川峡山"，据前文改，今四川东部、重庆及湖北西部。

[4] 纫縠皮：纫，用手搓、捻，使成线绳。縠皮，即构树皮。

计数工具

七经目之六所用工具

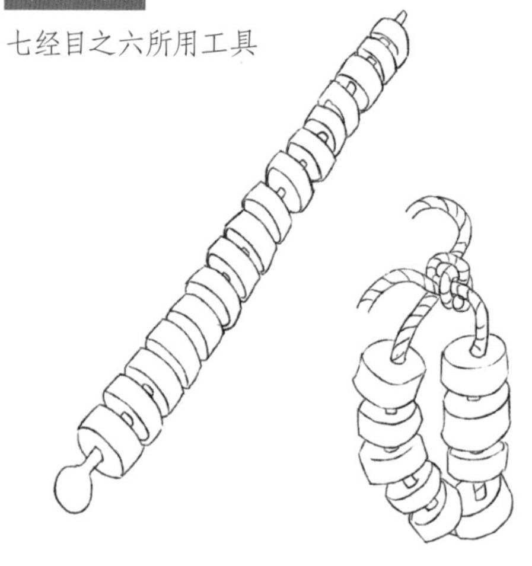

◉ 穿

类似绳索，将烘烤好的饼茶用其串起来，可以计算饼茶数量。

江东以一斤[1]为上穿，半斤为中穿，四两、五两为小穿。峡中[2]以一百二十斤为上穿[3]，八十斤为中穿，五十斤为小穿。

译文 江东地区把一斤称“上穿”，半斤称“中穿”，四两、五两称“小穿”。峡中地区则称一百二十斤为“上穿”，八十斤为“中穿”，五十斤为“小穿”。

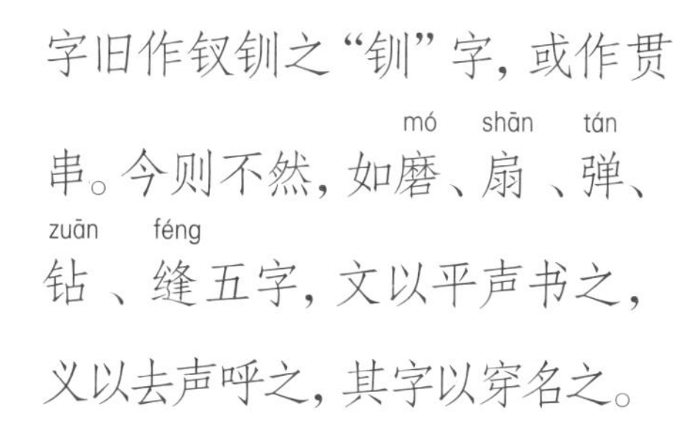

字旧作钗钏之“钏”字，或作贯串。今则不然，如磨(mó)、扇(shān)、弹(tán)、钻(zuān)、缝(féng)五字，文以平声书之，义以去声呼之，其字以穿名之。

译文 “穿”字，先前作钗钏的“钏”字，或作贯串。现在不同，“磨、扇、弹、钻、缝”五字在书面作为动词时读平声，而作名词表达字义时读去声。这里用“穿”来表示计量单位。（实际上，唐人记载中茶的计量用“串”字的更多，反而“穿”字用得没那么多。）

[1] 斤：唐代一斤约相当于现今的680克。

[2] 峡中：长江在四川、重庆、湖北境内的三峡地区。

[3] 穿：《百川学海》本此句中遗漏“穿”字，据华氏本补。

封茶工具

七经目之七所用工具

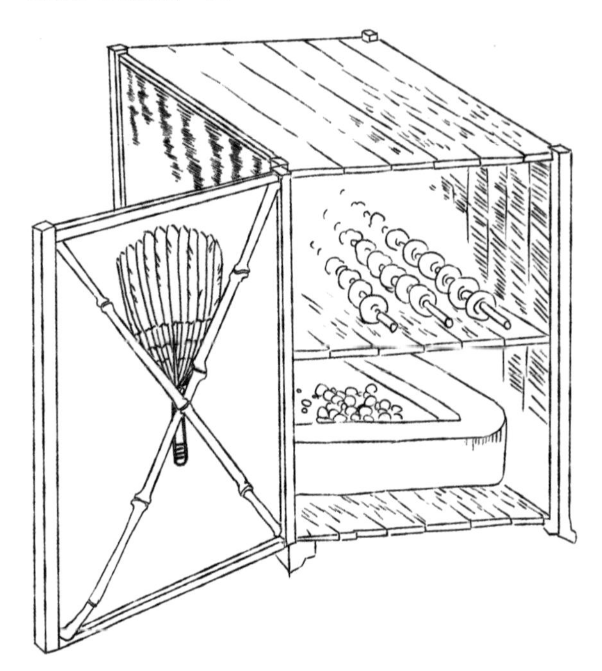

◉ 育

像个箱子，下层放火盆，上层放饼茶，用于储藏，防止饼茶受潮。

育[1]，以木制之，以竹编之，以纸糊之。中有隔，上有覆，下有床，傍有门，掩一扇[2]。中置一器，贮煻煨（táng wēi）[3]火，令煴（yūn）煴然[4]。江南梅雨时，焚之以火。

译文 育，用木制成框架，竹篾编织外围，再用纸裱糊。中有隔层，上面有遮盖，下有底托，旁开一扇门，门上掩藏一把扇子。里面放一器皿，盛有火灰，使有火无焰。在江南梅雨季节，可以加火除湿。

---

〔1〕育：藏存保养茶的器具，因其有保养作用而命名。

〔2〕掩一扇：掩藏一把扇子（生火用）。如今潮汕地区仍有此习俗。

〔3〕煻煨：热灰，可以煨物。

〔4〕煴煴：火势微弱无焰。

明　文徵明——品茶图（局部）

擣。故其形籭簁然。上离下師有如霜荷者。莖葉凋沮。易其狀貌。故厥狀委萃然。此皆茶之瘠老者也。自採至于封。七經目。自胡靴至于霜荷。八等。或以光黑平正言嘉者。斯鑒之下也。以皺黃坳垤言佳者。鑒之次也。若皆言嘉及皆言不嘉者。鑒之上也。何者。出膏者光。含膏者皺。宿製者則黑。日成者則黃。蒸壓則平正。縱之則坳垤。此茶與草木葉一也。茶之否臧存於口訣。

茶經卷上

在唐代蒸青团饼法基础上，现代制茶工艺变得更加丰富多元，包括炒、烘、晒、散、团等。茶叶品种也更多，绿茶、白茶、黄茶、乌龙茶、黑茶和红茶六大茶类，已经被广泛饮用。

三之造

凡採茶。在二月。三月。四月之間。茶之笋者。生爛石沃土。長四五寸。若薇蕨始抽。淩露採焉。茶之牙者。發於叢薄之上。有三枝。四枝。五枝者。選其中枝穎拔者採焉。其日有雨不採。晴有雲不採。晴採之。蒸之。擣之。拍之。焙之。穿之。封之。茶之乾矣。茶有千萬狀。鹵莽而言。如胡人鞾者。蹙縮然。（京錐文也）犎牛臆者。廉襜然。浮雲出山者。輪囷然。輕飇拂水者。涵澹然。有如陶家之子。羅膏土以水澄泚之。（謂澄泥也）又如新治地者。遇暴雨流潦之所經。此皆茶之精腴。有如竹籜者。枝幹堅實。艱於蒸

三之造

陆羽在《六之饮》说茶需经九难，每一难都让茶宛如新生，而它所需经历的第一难和第二难便是本节所说的「造」和「别」。若「造」不精，「别」不慎，后七难也就不能改变其根本。遇到好茶，需天时、地利、人和，甚幸之。

七经目：七道工序制作唐代饼茶

七经目是指饼茶制作的七道工序，概括起来就是采摘、蒸茶、捣茶、拍茶、焙茶、穿茶和封茶。

春季，茶农背上籯，在没有云的大晴天去采茶。

采摘的新叶放入箄，再一同放进与釜相连的甑中。灶上架釜，灶下添柴，釜中添水，高温蒸青。蒸好后，拿出装有茶叶的箄，用三桠的榖木枝翻动茶叶。

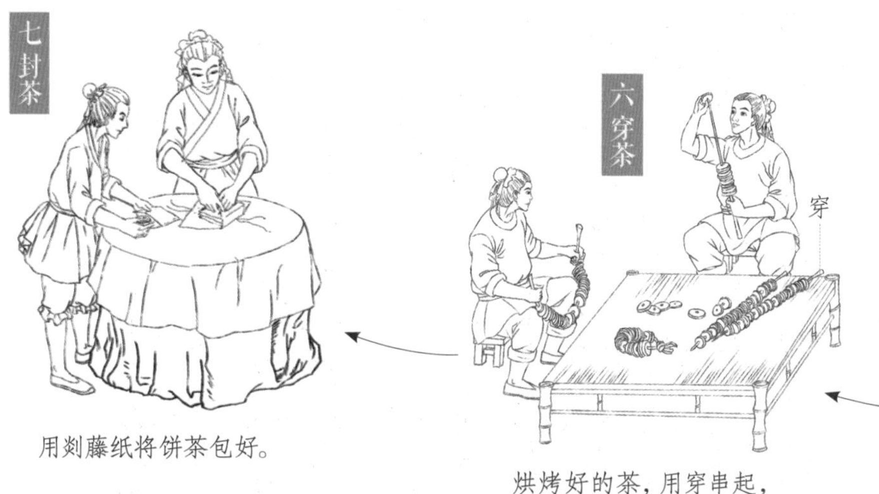

用剡藤纸将饼茶包好。

烘烤好的茶，用穿串起，方便计数。

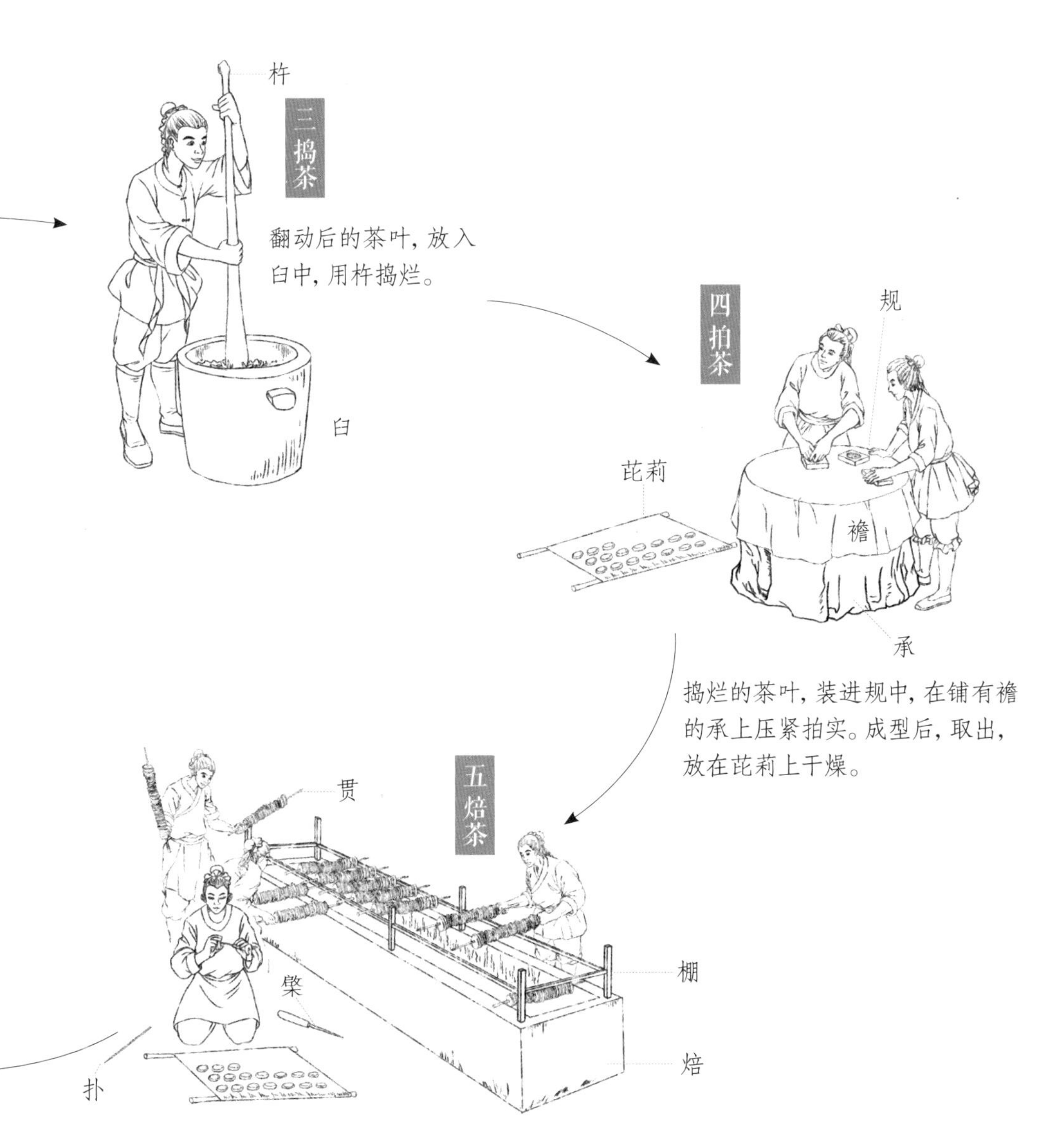

干燥后，用棨将饼茶中间打孔，再用扑通过打的孔将茶饼串起，方便运送。运送到焙前的茶，从扑上解下，再用贯串起，架在棚上烘烤。

凡采茶在二月、三月、四月之间。

译文 采摘茶叶，一般在农历二月、三月、四月的时候。

茶之笋者，生烂石沃土，长四五寸，若薇蕨(jué)[1]始抽，凌露采焉[2]。

译文 肥壮如笋的芽叶，生长在有风化石碎块的土壤上，长到四至五寸，在薇蕨抽芽的季节，凌晨有露水的日子去采摘。

〔1〕薇蕨：薇，一种野菜；蕨，蕨类植物。二者新芽呈卷曲状。

〔2〕凌露采焉：有人解释为"趁着露水去采摘"，这与后面所讲的"其日有雨不采，晴有云不采"有所矛盾。此处应为"在凌晨有露水的日子采摘"，因为早晨有露水，这一天一定是没有云的大晴天。可以理解为"薇蕨始抽"是"时"，"凌露"是"机"。

茶之牙者，发于丛薄[1]之上，有三枝、四枝、五枝者，选其中枝颖拔[2]者采焉。

译文 生长在草木中的茶树，芽叶细弱。有三枝、四枝或者五枝新梢的，可以选择其中长得挺拔的采摘。

其日有雨不采，晴有云不采；晴，采之，蒸之，捣之，拍之，焙之，穿（chuān）之，封之，茶之干矣。

译文 当天有雨不采，晴天有云也不采；天气晴朗才能采，采摘的芽叶，把它们上甑蒸熟，用杵臼捣烂，放到模具里拍压成一定的形状，接着焙干，最后穿成串，储藏好，茶就可以保持干燥了。

[1] 丛薄：聚木曰丛，深草曰薄，丛薄指草木丛生的地方，这里指茶丛。

[2] 颖拔：挺拔。

茶有千万状，卤莽[1]而言，如胡人靴者，蹙(cù)[2]缩然；犎(fēng)牛臆(yì)[3]者，廉襜(chān)[4]然；浮云出山者，轮囷(qūn)[5]然；轻飙拂水者，涵(hán)澹(dàn)[6]然。

译文 茶饼的形状千姿百态，粗略地说，有的像(唐代)胡人的靴子一样皱缩着；有的像犎牛的胸部一样起伏不平；有的像浮云出山，团团盘曲；有的像轻风拂水，微波涟漪。

有如陶家之子，罗膏土以水澄(dèng)泚(cǐ)[7]之。又如新治地者，遇暴雨流潦(lǎo)之所经。此皆茶之精腴(yú)[8]。

译文 有的像陶匠筛出细土，再用水沉淀出的泥膏那么光滑润泽；有的又像新开垦的土地，被暴雨急流冲刷而高低不平。这些都是精美上等的茶饼。

---

[1] 卤莽：粗略、大概。

[2] 蹙：皱缩。

[3] 犎牛臆：一种野牛；臆，指胸部。

[4] 廉襜：指像帷幕的边垂一样，起伏较大。廉，边侧；襜，帷幕。

[5] 轮囷：指曲折回旋状。囷，原作“菌”，据四库本改。

[6] 涵澹：水因微风而摇荡的样子。

[7] 澄泚：沉淀澄清。

[8] 腴：胖，肥沃。

精美上等的茶饼

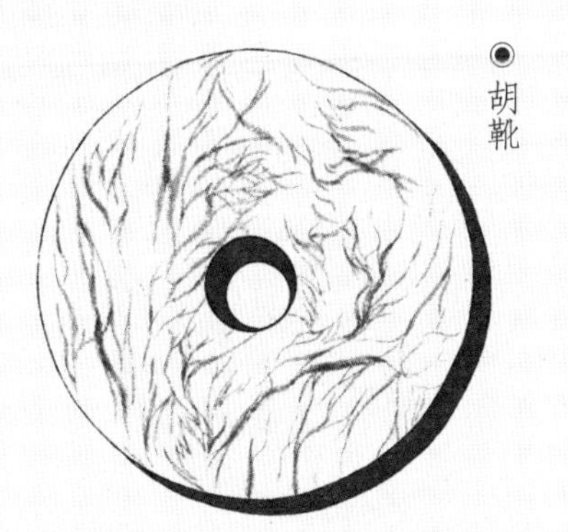

像胡人所穿的靴子，皱缩不平。

像野牛的胸部，有较细的褶皱。

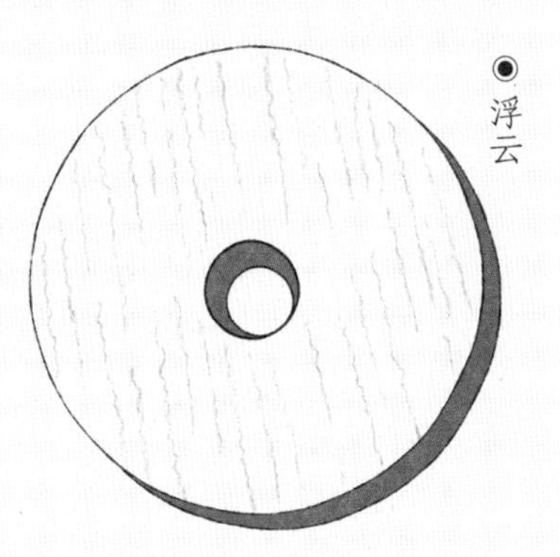

像山间的浮云，回转曲折。

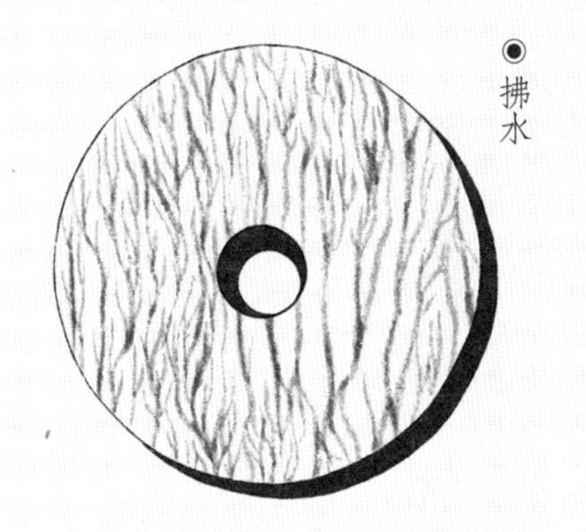

像微风拂过水面，涟漪荡漾。

像陶匠筛出陶土后用水沉淀出的膏泥，润泽平滑。

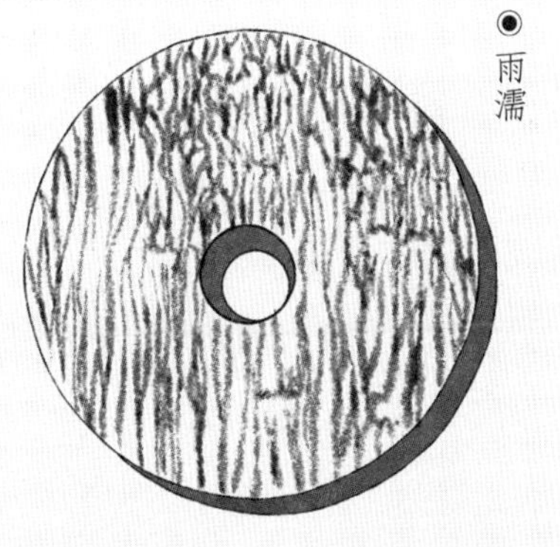

像新开垦的土地被暴雨冲刷，高低不平。

粗老的低档茶饼

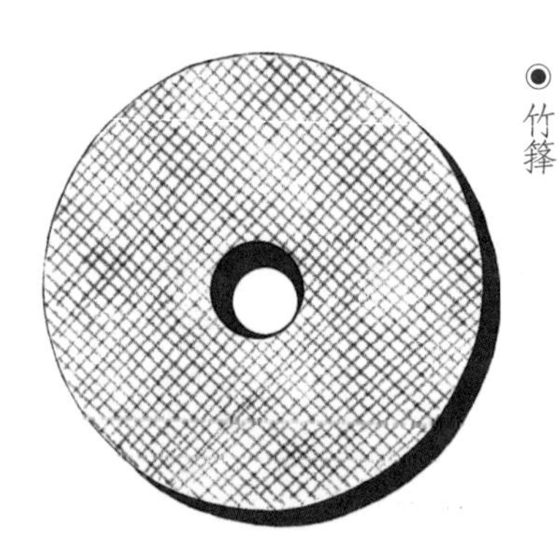

◉ 竹箨

像竹皮，枝茎坚硬，难以蒸捣，所以制成的茶叶形状像箩筛一样凹凸不平。

◉ 霜荷

像打过霜的荷花一样，茎叶已经凋败变形，制成的茶饼外形干枯。

有如竹箨(tuò)[1]者，枝干坚实，艰于蒸捣，故其形籭簁(shāi shāi)[2]然。有如霜荷者，茎叶凋沮(diāo jǔ)[3]，易[4]其状貌，故厥[5]状委萃[6]然。此皆茶之瘠(jí)[7]老者也。

[1] 箨：竹皮，俗称笋壳，竹类主干所生的叶。

[2] 籭簁：同筛。

[3] 凋沮：萎败的样子。

[4] 易：《百川学海》本此句中的“易”写作“汤”，误，据喻政《茶书》本改。

[5] 厥：相当于“其”，代指茶叶。

[6] 委萃：凋零状。萃，同“悴”。

[7] 瘠：粗老。

译文 有的叶像竹皮，枝梗坚硬，很难蒸捣，所以制成的茶饼形状像箩筛；有的像经霜的荷叶，茎叶凋败，变了样子，所以制成的茶外貌枯干。这些都是粗老的低档茶饼。

明 陈洪绶

品茶图

自采至于封，七经目。自胡靴至于霜荷，八等。

译文 从采摘到封装，经过七道工序；从类似胡人靴子的皱缩状的茶饼，到类似经霜打的荷叶的茶饼，共八个等级。

或以光黑平正言嘉者，斯鉴之下也；以皱黄坳垤(ào dié)[1]言佳者，鉴之次也；若皆言嘉及皆言不嘉者，鉴之上也。何者？

译文 （对于成茶）有的人把光亮、黑色、平整作为好茶的标志，这是最差的鉴别方法。把皱缩、黄色、凸凹不平作为好茶的特征，这是较次的鉴别方法。若既能指出茶的优点，又能道出缺点，才是最好的鉴别方法。为什么这么说？

[1] 坳垤：高低不平。垤，小土堆。

出膏者光，含膏者皱；宿制者则黑，日成者则黄；蒸压则平正，纵之则坳垤。此茶与草木叶一也。

译文 因为压出了茶汁的茶饼表面光亮，含着茶汁的茶饼表面就皱缩；过了夜制成的茶饼色黑，当天制成的茶饼色黄；蒸后压得紧的茶饼表面就平整，任其自然的茶饼表面就凸凹不平。这是茶和草木叶子共同的特点。

茶之否臧（pǐ zāng）[1]，存于口诀。

译文 茶品质的高低，有一套口头传授的要诀来鉴别。

〔1〕否臧：好坏。

書二十一字。一足云坎上巽下離于中。一足云體均五行去百疾。一足云聖唐滅胡明年鑄。其三足之間。設三窻。底一窻以為通飈漏燼之所。上竝古文書六字。一窻之上書伊公二字。一窻之上書羹陸二字。一窻之上書氏茶二字。所謂伊公羹陸氏茶也。置墆㙞於其內。設三格。其一格有翟焉。翟者火禽也。畫一卦曰離。其一格有彪焉。彪者風獸也。畫一卦曰巽。其一格有魚焉。魚者水蟲也。畫一卦曰坎。巽主風。離主火。坎主水。風能興火。火能熟水。故備其三卦焉。其飾以連葩垂蔓曲水方文之類。其爐。或鍛鐵為之。或運泥為之。其灰承。作三足鐵柈擡之。

风炉，形似鼎，是陆羽设计的生火工具。陆羽在设计时，不仅考虑到了美观和实用性，还寄寓了他对茶的思考，比如八卦的运用，他甚至将茶与「伊公羹」提到相同的位置。一直到宋代，风炉都在使用，而今风炉不常用，以电炉为主。

茶經卷中

竟陵陸　羽撰

四之器

風爐灰承　筥　炭檛　火筴　鍑

交床　夾　紙囊　碾拂末

羅合　則　水方　漉水囊

瓢　竹筴　鹺簋揭　熟盂

盌　畚　札　滌方

滓方　巾　具列　都籃

風爐灰承

風爐以銅鐵鑄之。如古鼎形。厚三分。緣闊九分。令六分虛中。致其杇墁。凡三足。古文

四之器

陆羽言：「王公之门，二十四器阙一，则茶废矣。」此页的二十四器并非只是饮茶之具，还有煮茶、品茶之具。正是因它们的存在，才使得茶由饮及品，由品及道。而由各种器物的兴衰变化，也能一窥茶在中国的传承发展。

风炉（灰承）

风炉以铜铁铸之，如古鼎形，厚三分，缘阔九分，令六分虚中，致其杇墁（wū màn）[1]。

译文 风炉用铜或铁铸成，形同古代的鼎的样子，壁厚约三分，边缘宽九分，中间（炉壁和炉腔中间）空约六分，用泥涂糊。

凡三足，古文[2]书二十一字。一足云"坎（kǎn）上巽（xùn）下离于中"[3]，一足云"体均五行去百疾"，一足云"圣唐灭胡明年铸"[4]。

译文 风炉有三只脚。脚上铸有古文字二十一个。一只脚上写有"坎上巽下离于中"（阐述煮茶的基本原理）；一只脚上写有"体均五行去百疾"（身体五行均衡，百病不生）；另一只脚上写有"圣唐灭胡明年铸"（即公元764年，阐述制造时间）。

---

〔1〕杇墁：涂抹泥巴。

〔2〕古文：上古之文字，如甲骨文、金文、古籀文和篆文等。

〔3〕坎上巽下离于中：坎、巽、离均为八卦的卦名。坎为水，巽为风，离为火。

〔4〕圣唐灭胡明年铸：说明了铸造风炉的时间，一般理解为公元764年。另一种说法，这是表达祝福的祈祷词，这是古人常用的一种暗示手法。

其三足之间，设三窗。底一窗以为通飙（biāo）漏烬[1]之所。上并古文书六字，一窗之上书“伊公”二字，一窗之上书“羹陆”二字，一窗之上书“氏茶”二字。所谓“伊公羹[2]，陆氏茶”也。

译文 三只炉脚之间，炉腹上有三个窗口，炉底下的一个窗用来通风、漏灰。窗上一共六个字，一个窗口写“伊公”二字，一个窗上写“羹陆”二字，一个窗上写“氏茶”二字。这就是“伊公羹，陆氏茶”的意思。

置埘（dì）垛（niè）[3]于其内，设三格：其一格有翟（dí）[4]焉，翟者，火禽也，画一卦曰离；其一格有彪（biāo）[5]焉，彪者，风兽也，画一卦曰巽（xùn）[6]；其一格有鱼焉，鱼者，水虫也，画一卦曰坎（kǎn）。

译文 炉的里面，设有放燃料的炉架，架子上分为三格：一格上画有翟的图案，翟是火禽，刻为离卦；一格上画有彪的图案，彪是风兽，刻为巽卦；一格上画有鱼的图案，鱼是水虫，刻为坎卦。

---

[1] 通飙漏烬：通风漏炭灰。

[2] 伊公羹：伊公，指商汤的伊尹（伊挚），被奉为“厨圣”，相传善于调汤味，世称“伊公羹”。

[3] 埘垛：堆积的小山、小土堆，这里指风炉口缘上所置用以放锅的支撑物，其上部形状像城墙雉堞一样。

[4] 翟：长尾山雉（野鸡）。

[5] 彪：小虎，中国古代认为虎从风，属于风兽。

[6] 巽：八卦中代表风。

xùn
巽主风，离主火，坎主水。风能兴火，火能熟水，故备其三卦焉。

译文 “巽”主风，“离”主火，“坎”主水，风能助火，火能煮水，因此要有此三卦。

其饰，以连葩[1]、垂蔓、曲水、方文之类。其炉，或锻铁为之，或运泥为之。其灰承，作三足铁柈[2]（pán）台[3]之。

译文 炉身用缠枝花卉、垂蔓、流水、方形花纹等图案来装饰。风炉有用熟铁打的，也有用陶土塑造的。灰承，是一个有三只脚的铁盘，用以托住炉灰。

---

〔1〕连葩：缠枝花卉。

〔2〕柈：柈，通“盘”。

〔3〕台：《百川学海》本写作“檯”。

煮茶生火工具

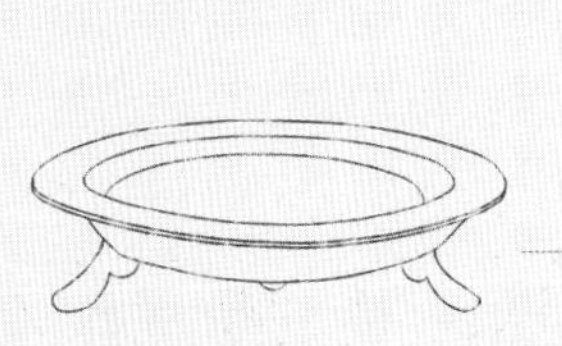

◉ 灰承
用于承接煮茶生火过程中产生的炉灰。

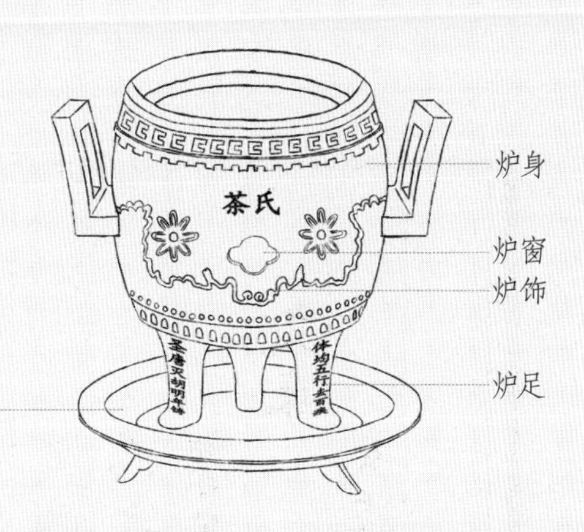

◉ 风炉
陆羽设计的主要生火用具，煮茶用的鍑，就架在其上。

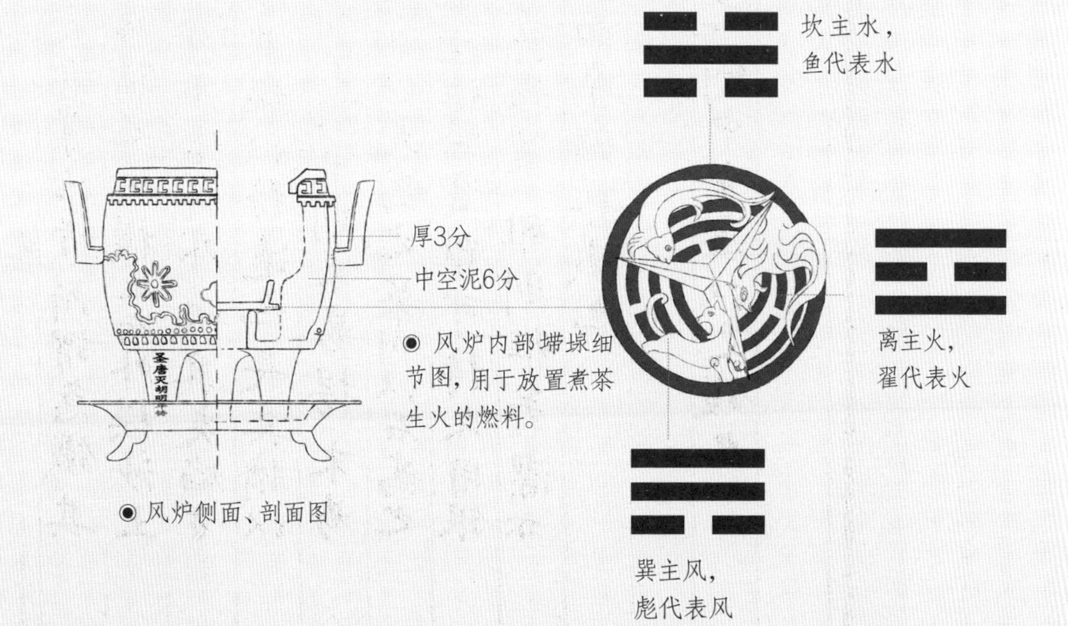

◉ 风炉内部墆埭细节图，用于放置煮茶生火的燃料。

◉ 风炉侧面、剖面图

鍑，以生鐵為之。今人有業冶者，所謂急鐵。其鐵以耕刀之趄，鍊而鑄之。內模土而外模沙。土滑於內，易其摩滌；沙澁於外，吸其炎焰。方其耳，以正令也。廣其緣，以務遠也。長其臍，以守中也。臍長則沸中，沸中則末易揚，末易揚則其味淳也。洪州以瓷為之，萊州以石為之。瓷與石皆雅器也，性非堅實，難可持久。用銀為之，至潔，但涉於侈麗。雅則雅矣，潔亦潔矣，若用之恒，而卒歸於鐵也。

交床

交床，以十字交之，剜中令虛，以支鍑也。

管、炭檛、火筴也是陆羽设计的生火工具，与风炉配套使用。鍑和交床是陆羽设计的煮茶工具。除了鍑，其他工具已基本不用，而鍑也历经了唐代茶铛、执壶，宋代汤瓶，至今日煮水壶的变化。

筥

筥。以竹織之。高一尺二寸。徑闊七寸。或用藤。作木楦如筥形織之。六出圓眼。其底蓋若利篋口。鑠之。

炭檛

炭檛。以鐵六稜制之。長一尺。銳上豐中。執細頭系一小鐶。以飾檛也。若今之河隴軍人木吾也。或作鎚。或作斧。隨其便也。

火筴

火筴。一名筯。若常用者。圓直一尺三寸。頂平截。無葱薹勾鏁之屬。以鐵或熟銅製之。

鍑

（音輔。或作釜。或作鬴。）

筥[1]

jǔ

筥，以竹织之，高一尺二寸，径阔七寸。或用藤，作木楦（xuàn）[2]如筥形织之，六出[3]圆眼。其底、盖若利箧（qiè）[4]口，铄（shuò）[5]之。

译文 筥，用竹子编织而成，高一尺二寸，直径七寸。有的用藤在筥形的木楦上编织，表面编出六角圆眼，把底、盖磨得像竹箱的口一样光滑。

炭檛[6]

zhuā

炭檛，以铁六棱制之，长一尺，锐上丰中[7]，执细，头系一小辗（zhǎn）[8]，以饰檛也，若今之河陇[9]军人木吾（yù）[10]也。或作锤，或作斧，随其便也。

译文 炭檛，用六棱形的铁棒制成。长一尺，上头尖，中间粗，柄细，握的那头拴上一个小辗作为装饰，好像现在河陇地区的士兵使用的木棒。或做成锤形，或做成斧形，各随其便。

[1] 筥：圆形的盛物竹器。

[2] 木楦：编织竹筐时的木模型。

[3] 六出：花开六瓣及雪花晶呈六角形都叫六出，这里指用竹条织出六角形的洞眼。

[4] 利箧：某种小竹箱。

[5] 铄：这里指磨削之意。

[6] 炭檛：碎炭用的器具。檛，敲打，击打。

[7] 锐上丰中：指上头细，中间粗。《百川学海》本此句为"锐一丰中"，误，据长编本改。

[8] 辗：炭檛上的饰物。

[9] 河陇：今甘肃省大部及青海东南部。

[10] 木吾：木棒名，指防御用的木棒。吾，通"御"，防御、抵御的意思。

生火工具

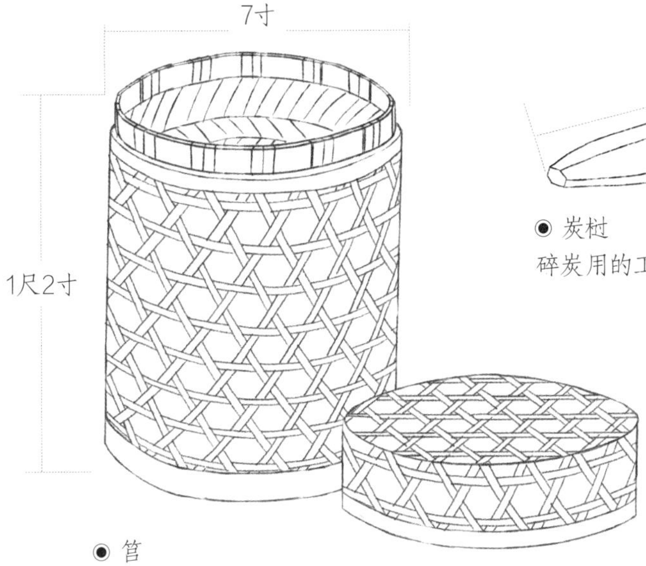

7寸

1尺2寸

◉ 管
炭放在其中。

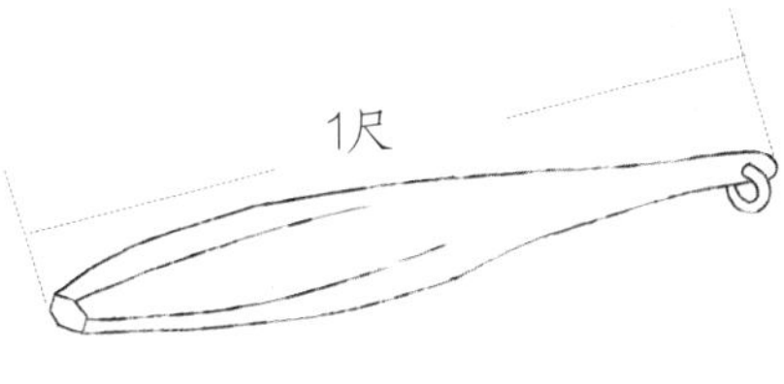

1尺

◉ 炭檛
碎炭用的工具。

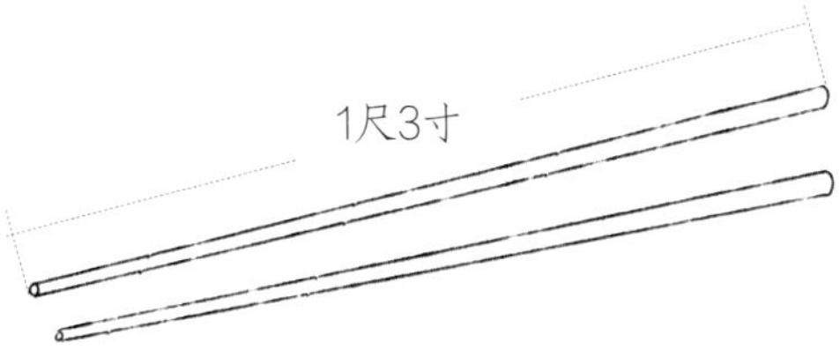

1尺3寸

◉ 火筴
煮茶生火时将碎炭夹入风炉。

火筴[1]

火筴，一名箸[2]，若常用者，圆直一尺三寸，顶平截，无葱薹勾锁[3]之属，以铁或熟铜制之。

译文 火筴，又叫箸，就像常用的筷子一样，圆且直，长一尺三寸。顶端平，没有像葱薹、勾锁之类的繁琐装饰，通常用铁或熟铜制成。

〔1〕火筴：原《百川学海》本四之器总目缺失此条。

〔2〕箸：这里指火钳。

〔3〕葱薹勾锁：均为火钳常用的装饰。葱薹，火钳顶端球形或蕾形装饰物。勾锁，即铁链子。

fǔ
镀[1]

镀，以生铁为之。今人有业冶[2]者，所谓急铁。其铁以耕刀之趄[3]炼而铸之。

译文 镀，用生铁制成。生铁，即现在以冶铁为生的人所说的“急铁”。这种铁是用坏了不能再使用的犁头冶炼铸造而成的。

内模[4]土而外模沙。土滑于内，易其摩涤；沙涩于外，吸其炎焰。

译文 冶炼制模时，在里面抹上泥，外面抹沙土。泥土使锅内光滑，容易摩擦洗涤；沙土使锅外粗糙，能吸收火焰高温。

---

〔1〕镀：也写作釜、鬴。

〔2〕冶：熔炼。

〔3〕耕刀之趄：耕刀，犁头。趄，本意趑趄不前，行走困难。这里引申为用坏了不能再使用的犁头。

〔4〕模：模具之意，底本作“摸”，通“模”，古籍刻印惯例“扌”部与“木”部通刻。

煮茶工具

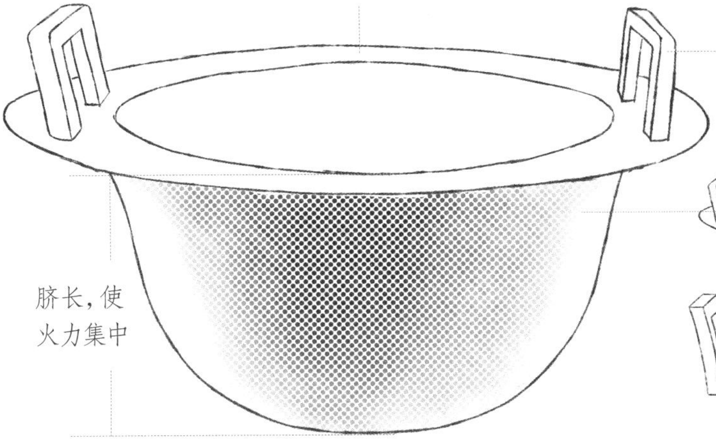

缘宽阔，热量易发散。

方形耳，看起来端正。

脐长，使火力集中

◉ 锼
茶叶放在其中煮。

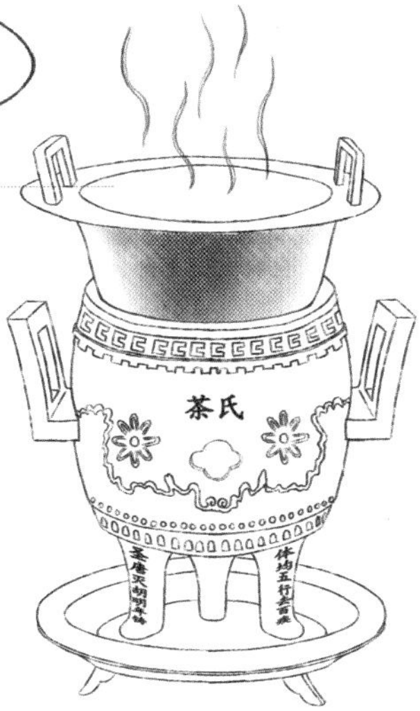

◉ 放在风炉上的锼

方其耳，以正令[1]也。广其缘，以务远[2]也。长其脐，以守中[3]也。脐长，则沸中；沸中，则末易扬；末易扬，则其味淳也。

译文 将锼的耳制成方形，使锼看起来端正。锅的边缘宽阔，使热量能延伸得远。锅脐要长，使其火力集中在中心。脐长，则水可在锅的中心沸腾；水在锅中心沸腾则茶沫易于上浮，茶沫上扬，则茶味更加甘醇。

---

〔1〕正令：使指令严正，出自《论语》"其身正，不令而行。其身不正，虽令不从"。

〔2〕务远：追求远大目标。

〔3〕守中：保持内心的虚无清静，出自《老子》，"多言数穷，不如守中"。所谓正令、务远、守中皆为象征意义。

洪州[1]以瓷为之，莱州[2]以石为之。瓷与石皆雅器也，性非坚实，难可持久。用银为之，至洁，但涉于侈丽[3]。雅则雅矣，洁亦洁矣，若用之恒，而卒归于铁[4]也。

译文 洪州人用瓷做鍑，莱州人用石材做鍑。瓷器和石器都是雅致的器皿，但不结实，难以长久使用。银质的鍑，至清至洁，但过于奢侈。雅致的固然雅致，洁净的也确实洁净，但若说耐久实用，还是以铁制的为最好。

交床[5]

交床，以十字交之，剜(wān)[6]中令虚，以支鍑也。

译文 交床，十字交叉的木架，中间被挖空，用来放鍑。

〔1〕洪州：今江西南昌一带。

〔2〕莱州：今山东掖县一带。

〔3〕侈丽：奢侈华丽。

〔4〕铁：《百川学海》本此处为“银”，误，据喻政《茶书》本改。

〔5〕交床：即胡床，一种可折叠的轻便坐具，也叫交椅、绳床。

〔6〕剜：挖的意思。

煮茶工具

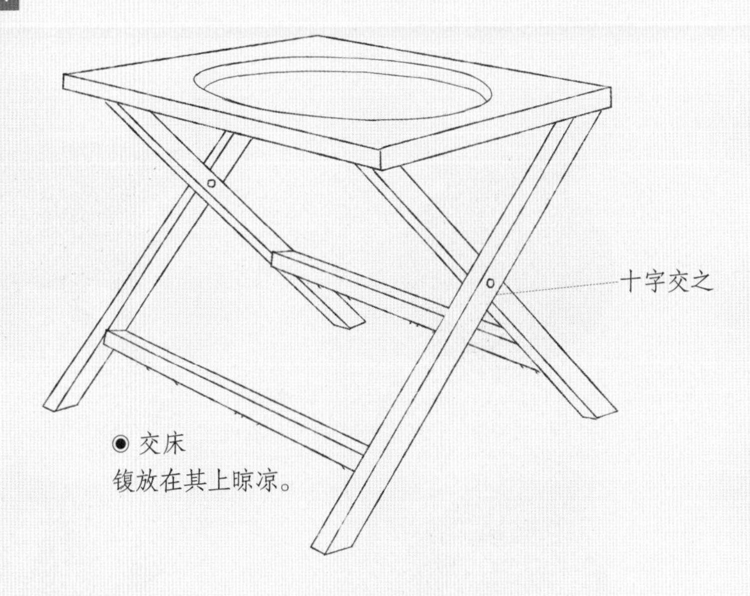

◉ 交床

镀放在其上晾凉。

◉ 交床上的镀

从镀到瓶的演变

唐以前

煮饮器

《茶经》以前，“镀”字很少出现，但有很多鼎器或者壶器，与镀形态相仿。

◉ 良渚文化·灰陶双鼻壶

◉ 战国·原始瓷鼎

◉ 南朝·四系盘口壶

◉ 南朝·青瓷鸡首壶

唐

镀 陆羽使用的煮茶器

古代一种敞口的锅，由于没有盖，煮水时可以直接观察煮沸情况。

◉ 唐·巩县窑绿釉镀

◉ 唐·长沙窑绿釉茶镀

茶铛 与鍑并行

一种三足两耳的锅，是将风炉与鍑结合的产品，可直接在其下生火，适合户外煮茶。

◉ 唐·黄釉茶铛

◉ 唐·白釉茶铛

执壶 汤瓶的雏形

执壶形似汤瓶，但唐代时只是容器，还未用于煮茶，大部分用来装酒，也有用作装茶汤或水的。

◉ 唐·越窑横把壶

◉ 唐·黄釉执壶

◉ 唐·青釉葫芦执壶

唐以后

汤瓶

到了宋代崇尚点茶，在点茶的过程中，汤瓶取代了鍑的作用。

◉ 宋·鎏金银汤瓶

長九寸。闊一寸七分。砣徑三寸八分。中厚一寸。邊厚半寸。軸中方而執圓。其拂末以鳥羽製之。

羅合

羅末以合蓋貯之。以則置合中。用巨竹剖而屈之。以紗絹衣之。其合以竹節為之。或屈杉以漆之。高三寸。蓋一寸。底二寸。口徑四寸。

則

則。以海貝蠣蛤之屬。或以銅鐵竹匕策之類。則者。量也。准也。度也。凡煑水一升。用末方寸匕。若好薄者。減之。嗜濃者。增之。故云則也。

古法今观

夹、纸囊、罗合和则是陆羽设计的烤碾用具。夹、纸囊早已不用于烤茶中了。碾，如今的药碾还保留有其形态、作用。合与则流传到了今天。

夾

夾。以小青竹為之。長一尺二寸。令一寸有節。節已上剖之。以炙茶也。彼竹之篠。津潤于火。假其香潔以益茶味。恐非林谷間莫之致。或用精鐵熟銅之類。取其久也。

紙囊

紙囊。以剡藤紙白厚者夾縫之。以貯所炙茶。使不泄其香也。

碾 拂末

碾。以橘木為之。次以梨。桑。桐。柘為之。內圓而外方。內圓備於運行也。外方制其傾危也。內容硌而外無餘木。硌。形如車輪。不輻而軸焉。

以贮所炙茶使不泄其香也。

夹

夹，以小青竹为之，长一尺二寸。令一寸有节，节已上剖之，以炙茶也。

译文 夹，用小青竹制成，长一尺二寸。在距离一端的一寸处有节，剖开节以上，用它来夹着茶饼于火上烘烤。

彼竹之篠(xiǎo)[1]，津润于火，假其香洁以益茶味，恐非林谷间莫之致。或用精铁熟铜之类，取其久也。

译文 这种小青竹在火上烘烤会出汁液，可借其香气来增益茶香。但恐怕只有在森林山谷中才能找到这种青竹。也有用精铁或熟铜来制作夹，可经久耐用。

[1] 篠：同“筱”，细竹。

烤茶工具

◉ 夹

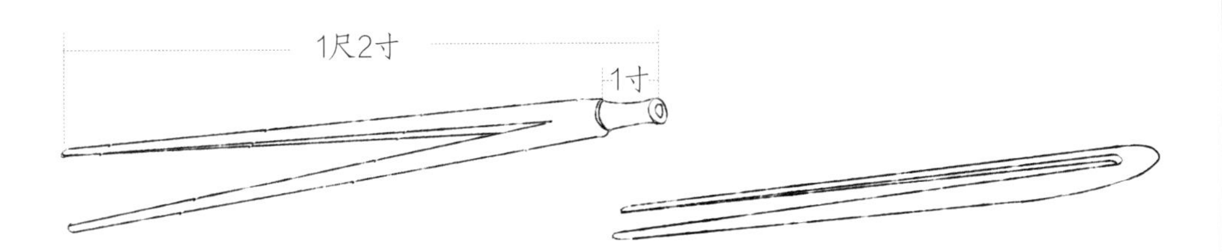

竹制夹：用于夹住饼茶烤茶，香气增益茶香，但不易得。

铁制夹，用于夹住饼茶烤茶，经久耐用。

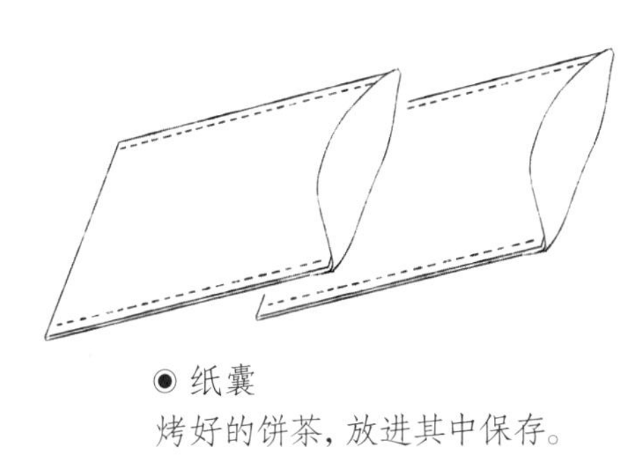

◉ 纸囊
烤好的饼茶，放进其中保存。

纸囊

纸囊，以剡（shàn）藤纸[1]白厚者夹缝之。以贮所炙茶，使不泄其香也。

译文 纸囊，用两层洁白且厚的剡藤纸缝制而成。用来贮存烤好的茶，使其香气不易散失。

〔1〕剡藤纸：唐代剡溪所产的以藤为原料制成的纸，洁白细致有韧性，为唐时包茶专用纸。剡溪，今浙江嵊州内主要河流。

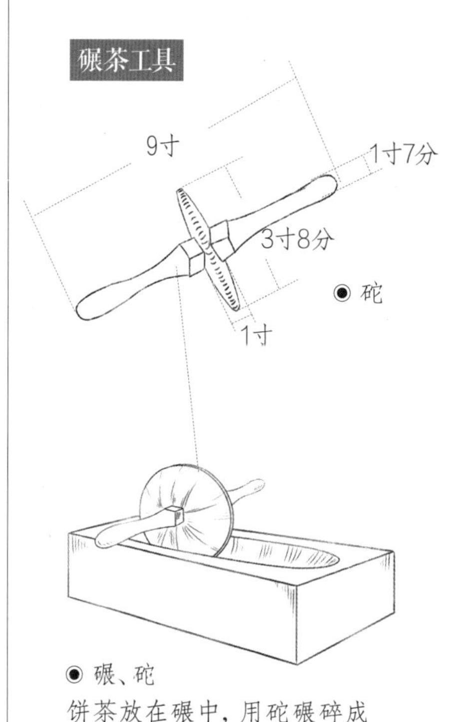

◉ 碾、砣
饼茶放在碾中，用砣碾碎成茶末。

◉ 拂末
清洁碾、砣残留的茶末。

碾（niǎn）（拂末[1]）

碾，以橘木为之，次以梨、桑、桐、柘（zhè）[2]为之。内圆而外方。内圆备于运行也，外方制其倾危也。

译文　碾，以用橘木制作的为最好，其次是用梨木、桑木、桐木或柘木做成的。碾槽内圆外方。内圆便于运转，外方可以防止使用中翻倒。

内容砣（tuó）[3]而外无余木。砣，形如车轮，不辐而轴焉。长九寸，阔一寸七分。砣径三寸八分，中厚一寸，边厚半寸，轴中方而执圆。其拂末以鸟羽制之。

译文　碾槽内刚好放一个砣，没有多余的空隙。砣的形状好像车轮，只有一根中心轴而没有轮辐。轴长约九寸，阔一寸七分。砣的直径三寸八分，当中厚一寸，边缘厚半寸。轴中间呈方形，手柄则是圆形。扫茶末用的拂末，是用鸟的羽毛制成的。

---

〔1〕拂末：拂扫茶末的用具。

〔2〕柘：柘树。

〔3〕砣：底本作“堕”，同“砣”，碾轮。

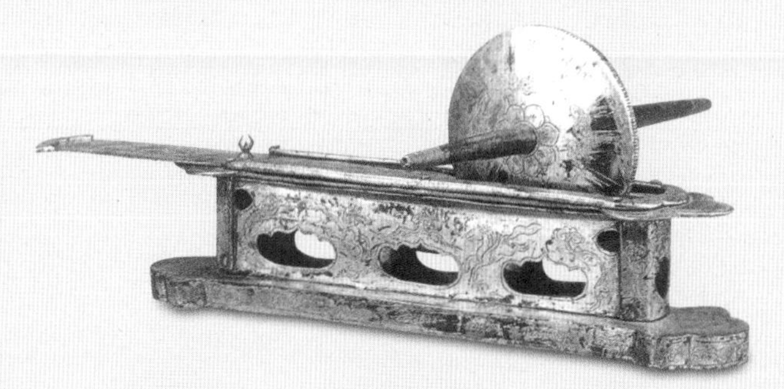

唐·鎏金银茶碾

唐·茶碾

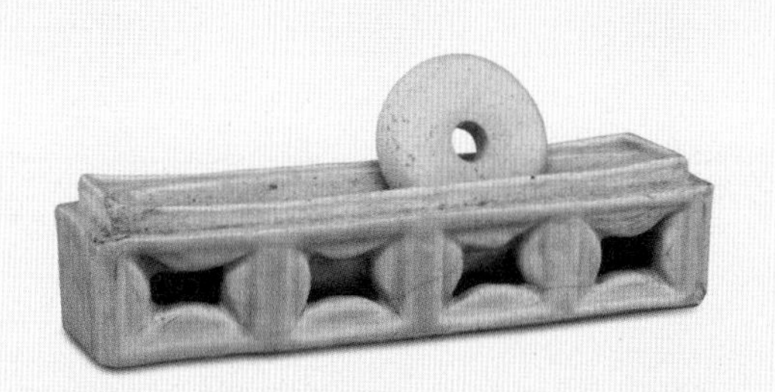

唐·白釉茶碾

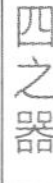

罗合

罗末[1]，以合盖贮之，以则置合中。用巨竹剖而屈[2]之，以纱绢衣[3]之。其合以竹节为之，或屈杉以漆之。高三寸，盖一寸，底二寸，口径四寸。

译文 用罗筛出的茶末，须放在有盖的盒中贮藏。用则舀放于盒中。罗筛，用剖开的大竹弯曲成圆形，蒙上纱或绢。盒用竹节制成，或用杉树片弯曲成圆形，涂上漆。罗合高三寸，盖一寸，底二寸，盒口直径四寸。

量取工具

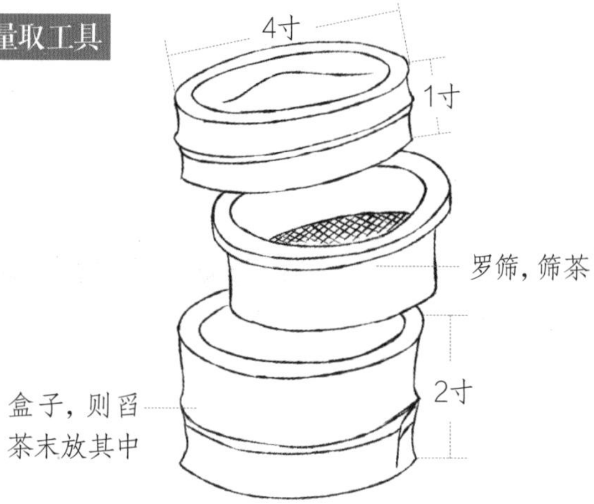

4寸
1寸
罗筛，筛茶
2寸
盒子，则舀茶末放其中

◉ 罗合

罗是罗筛，合是盒子。碾碎的茶末用罗合过筛、贮存。

[1] 罗末：用茶罗筛出的茶末。

[2] 屈：弯曲。

[3] 衣：本义为“穿”，此处引申为“蒙上”。

量取工具

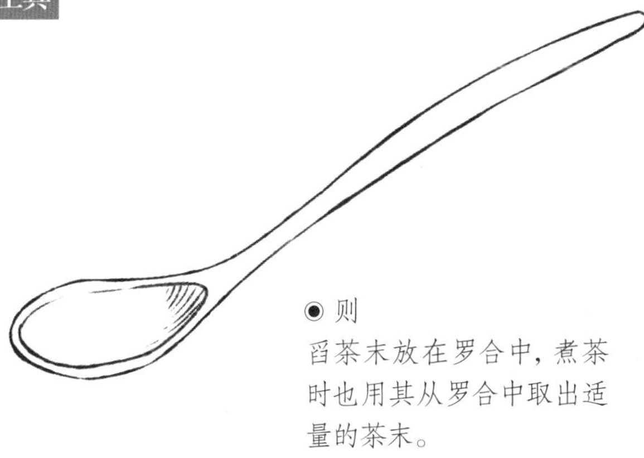

◉ 则
舀茶末放在罗合中，煮茶时也用其从罗合中取出适量的茶末。

则

则，以海贝、蛎蛤之属，或以铜、铁、竹匕（bǐ）策[1]之类。则者，量也，准也，度也。凡煮水一升，用末方寸匕[2]。若好薄者，减之；嗜浓者，增之，故云则也。

译文 则，用贝壳、蛎蛤等制成，或用铜、铁、竹木制成的匙、勺之类代替。则就是度量标准的意思。通常情况下烧一升的水，用一方寸匕的茶末。如果喜欢味道清淡些的，就减少用量；喜欢喝浓茶的，就增加茶末，因此称之为“则”。

〔1〕匕策：匕，古代的一种取食器具，长柄浅斗，类似汤勺；策，竹片。

〔2〕方寸匕：为一立方寸的量具，唐代1寸相当于3.03厘米。方寸，也有小的意思，指小匙。

古法今观

杜毓荈賦云。酌之以匏。匏。瓢也。口闊。脛薄。柄短。永嘉中。餘姚人虞洪入瀑布山採茗。遇一道士云。吾丹丘子。祈子他日甌犧之餘。乞相遺也。犧。木杓也。今常用以梨木為之。

竹筴

竹筴。或以桃。柳。蒲葵木為之。或以柿心木為之。長一尺。銀裹兩頭。

鹺簋揭

鹺簋。以瓷為之。圓徑四寸。若合形。或瓶。或罍。貯鹽花也。其揭。竹制。長四寸一分。闊九分。揭。策也。

熟盂

熟盂。以貯熟水。或瓷。或沙。受二升。

水方、漉水囊、瓢、竹筴和熟盂都是与煮茶用水有关的工具。鹾簋是储放盐的工具。现代煮茶方法与唐代多有不同：不放盐，鹾簋自然消失了；煮茶水如今多用纯净水、矿泉水，直接倒取，因此水方、漉水囊、瓢、竹筴和熟盂也就没有了。

水方

水方。以椆木。槐。楸。梓等合之。其裏并外縫漆之。受一斗。

漉水囊

漉水囊。若常用者。其格以生銅鑄之。以備水濕。無有苔穢腥澁意。以熟銅苔穢。鐵腥澁也。林栖谷隱者。或用之竹木。木與竹非持久涉遠之具。故用之生銅。其囊。織青竹以捲之。裁碧縑以縫之。紐翠鈿以綴之。又作綠油囊以貯之。圓徑五寸。柄一寸五分。

瓢

瓢。一曰犧杓。剖瓠為之。或刊木為之。晉舍人

取水工具

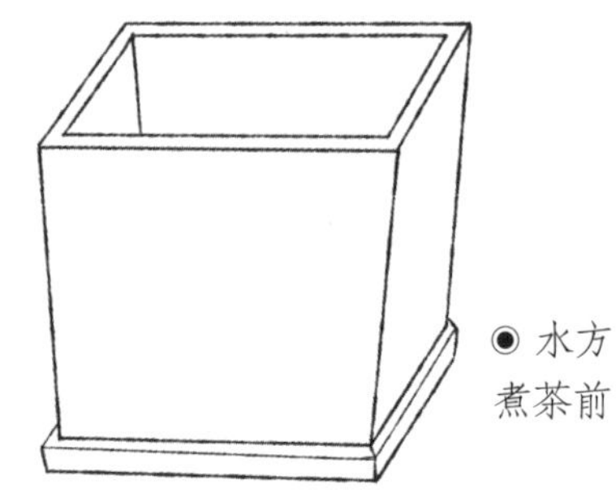

◉ 水方

煮茶前的生水放在其中。

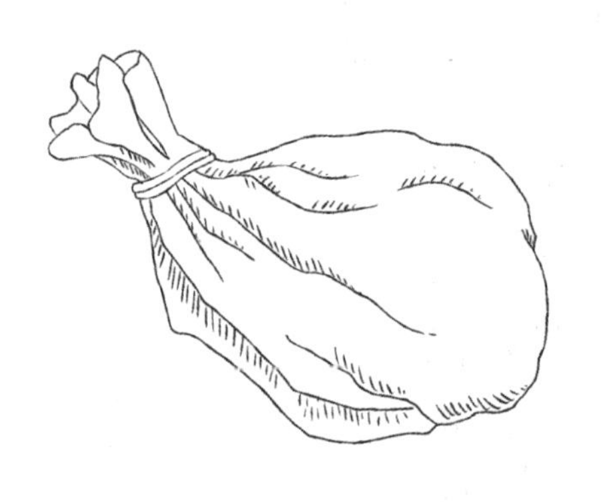

◉ 绿油囊

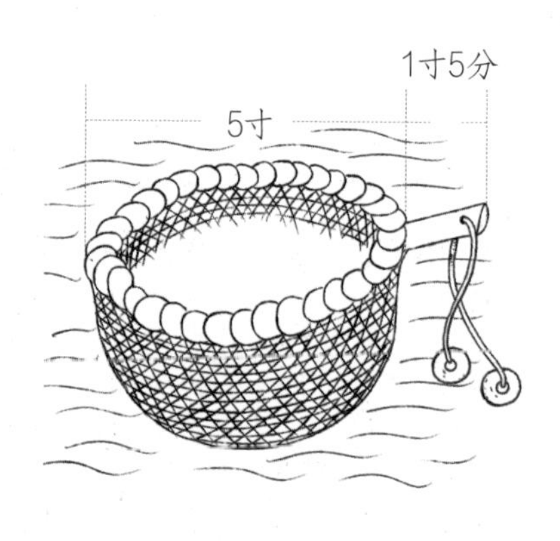

◉ 漉水囊

煮茶前的生水用其过滤。

水方

水方[1]，以椆(chóu)[2]木、槐、楸(qiū)、梓(zǐ)[3]等合之，其里并外缝漆之，受一斗。

译文 水方，用椆木、槐、楸、梓等木料制成，内外缝隙都用漆封涂（防止漏水），容积为一斗。

---

〔1〕水方：盛水盆。

〔2〕椆：木名。椆木，属山毛榉科，是一种坚硬而又有韧性的木料。

〔3〕楸、梓：均为紫葳科。

漉水囊[1]

lù

漉水囊，若常用者，其格以生铜铸之，以备水湿，无有苔秽[2]腥涩意。以熟铜苔秽，铁腥涩也。林栖谷隐者，或用之竹木。木与竹非持久涉远之具，故用之生铜。

译文 漉水囊，漉水工具，如果是经常使用的，其骨架用生铜铸造，以免被水打湿后生出铜苔和污垢，产生腥涩气味。因为熟铜制成的易生铜锈，用铁制成的会生铁锈，使水有腥涩味。隐居林谷的人，也有用竹、木做框架的。竹木制的不耐久用，且不便远行携带，因此选用生铜。

其囊，织青竹以卷之，裁碧缣[3]以缝之。纽[4]，翠钿[5]以缀之，又作绿油囊[6]以贮之，圆径五寸，柄一寸五分。

jiān diàn

译文 水囊用竹篾编织卷曲成形，裁剪碧绿色细绢缝制。系带两端缀上翠钿作装饰，又做绿油布袋把整个漉水囊装起来。漉水囊的圆口径五寸，柄长一寸五分。

[1] 漉水囊：即滤水袋。最初是佛教中所用的滤水工具，防止水中有虫子等。陆羽受佛教影响颇深，所以沿用滤水囊，保持煮茶水的品质。漉，过滤、渗。

[2] 苔秽：指铜绿。

[3] 缣：指细绢。

[4] 纽：系带，用于悬挂。

[5] 翠钿：用翠玉制成的首饰或装饰物。翠，指翡翠；钿，金花。

[5] 绿油囊：与滤水囊同为佛教中所用的滤水工具，水装在其中不会漏。

瓢

瓢，一曰牺杓[1]，剖瓠[2]为之，或刊木为之。晋舍人杜毓[3]《荈赋》云：“酌之以匏[4]。”匏，瓢也，口阔，胫薄，柄短。

译文 瓢，又叫牺杓，把葫芦剖开制成，或用木雕成。晋中书舍人杜毓的《荈赋》中说：“酌之以匏。”匏，就是瓢，口广，胫壁薄，柄短。

永嘉中，余姚人虞洪[5]入瀑布山采茗，遇一道士，云：“吾丹丘子，祈子他日瓯牺[6]之余，乞相遗[7]也。”牺，木杓也。今常用以梨木为之。

译文 晋永嘉年间，余姚人虞洪到瀑布山采茶，遇见一位道士对他说：“我是丹丘子，哪天瓯牺里如有多余的茶，希望送些给我喝。”其中的“牺”，就是木勺，如今多用梨木制成。

---

[1] 牺杓：类同勺子。

[2] 瓠：即葫芦。

[3] 杜毓：见《七之事》杜舍人毓条。毓，也有写作育（见121页）。

[4] 匏：葫芦的一种。

[5] 虞洪：见《七之事》余姚虞洪条（见121页）。

[6] 瓯牺：喝茶用的杯杓。

[7] 遗：赠送。

取水工具

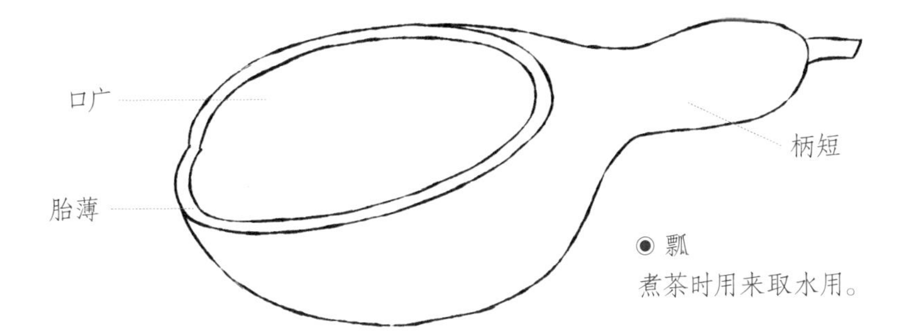

◉ 瓢
煮茶时用来取水用。

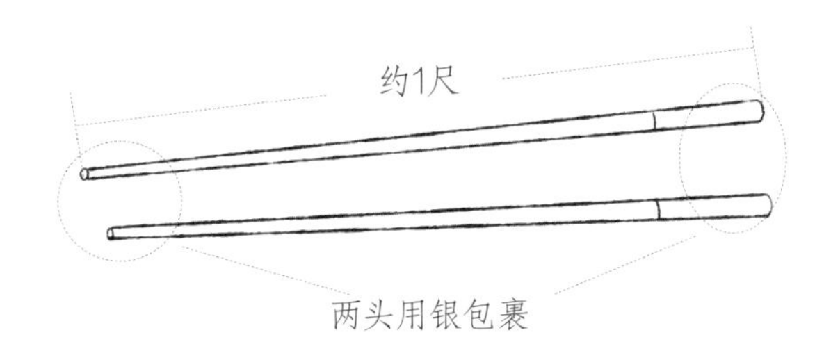

◉ 竹筴
煮茶时，在水第二沸时舀出水，再用其进行搅拌。
与前生火用具的火筴和烤茶用具夹不同。

竹筴

竹筴，或以桃、柳、蒲葵木为之，或以柿心木为之。长一尺，银裹两头。

译文 竹筴，用桃木、柳木、蒲葵木制成，也有用柿心木制成。长一尺，两端用银包裹。

鹾簋[1]（揭）[2]

cuó guǐ

鹾簋，以瓷为之，圆径四寸，若合形，或瓶，或罍(léi)[3]，贮盐花也。其揭，竹制，长四寸一分，阔九分。揭，策也。

译文 鹾簋，用瓷制成，圆形，直径四寸，形状像盒子，也有制成瓶形、罍形的，装盐用。揭是竹制的，长四寸一分，宽九分。这种揭，是取盐用的工具。

熟盂

熟盂，以贮熟水，或瓷，或沙，受二升。

译文 熟盂，用来盛煮过的开水，瓷或陶制，容量约为二升。

〔1〕鹾簋：鹾，味浓的盐；簋，古代盛物用的椭圆形器具。

〔2〕揭：与"撳"同，竹片做的取茶用具。

〔3〕罍：古代盛酒的容器。

存盐取盐工具

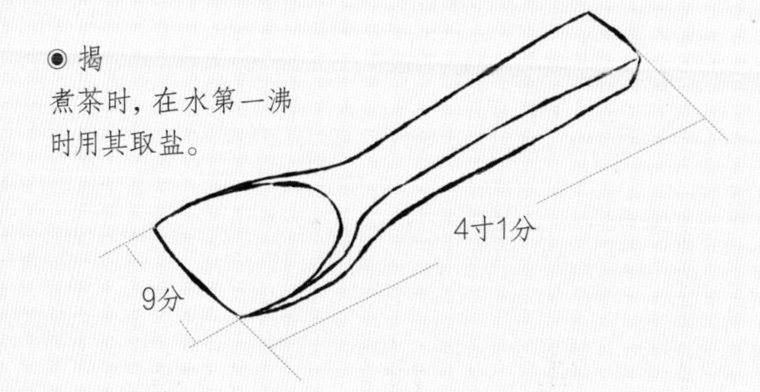

◉ 揭

煮茶时，在水第一沸时用其取盐。

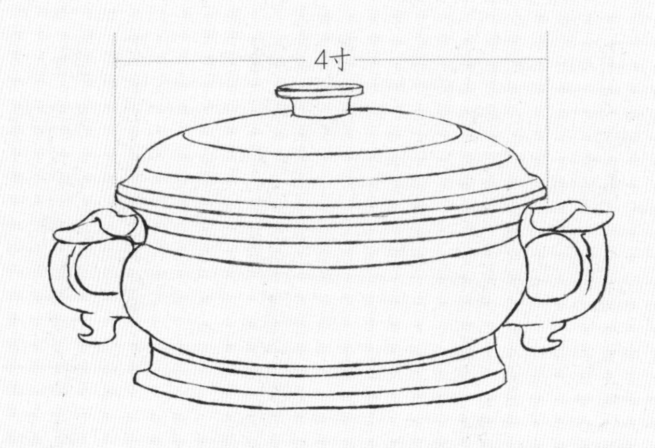

◉ 鹾簋

储存煮茶所用的盐。

盛水工具

◉ 熟盂

煮茶时，在水第二沸时，先舀出一瓢水倒入其中。

畚。以白蒲捲而編之。可貯盌十枚。或用筥。其紙

帊以剡紙夾縫。令方。亦十之也。

札

札。緝栟櫚皮以茱萸木夾而縛之。或截竹束

而管之。若巨筆形。

滌方

滌方。以貯滌洗之餘。用楸木合之。制如水方。受

八升。

滓方

滓方。以集諸滓。製如滌方。處五升。

巾

巾。以絁布爲之。長二尺。作二枚。互用之。以潔諸器。

碗、涤方、滓方和巾，是如今茶席上常出现的几样茶具，用法也基本相同。只是现在的碗，材质、形态更多，涤方和滓方有时候也会合为一个使用。至于畚，从作用看更像现在用的茶盘，只是形态已然不同。

盌

盌。越州上。鼎州次。婺州次。岳州上。壽州。洪州次。或者以邢州處越州上。殊為不然。若邢瓷類銀。越瓷類玉。邢不如越一也。若邢瓷類雪。則越瓷類冰。邢不如越二也。邢瓷白而茶色丹。越瓷青而茶色綠。邢不如越三也。晉杜毓荈賦所謂器擇陶揀。出自東甌。甌越也。甌越州上。口唇不卷。底卷而淺。受半升已下。越州瓷岳瓷皆青。青則益茶。茶作白紅之色。邢州瓷白。茶色紅。壽州瓷黃。茶色紫。洪州瓷褐。茶色黑。悉不宜茶。

畚

碗

碗，越州上，鼎州[1]次，婺(wù)州[2]次；岳州[3]上[4]，寿州[5]、洪州[6]次。

译文 碗，以越州出产的品质为最好，鼎州、婺州的次之；岳州的也很好，寿州、洪州的则差些。

或者以邢(xíng)州[7]处越州上，殊为不然。若邢瓷类银，越瓷类玉，邢不如越一也；若邢瓷类雪，则越瓷类冰，邢不如越二也；邢瓷白而茶色丹，越瓷青而茶色绿，邢不如越三也。

译文 有人认为邢州出产的比越州好，并非如此。如果说邢瓷质地如银，越瓷就像玉一般，这是邢瓷不如越瓷的第一点；如果说邢瓷像雪，那么越瓷就像冰，这是邢瓷不如越瓷的第二点；邢瓷洁白可以使茶汤显得更红，越瓷的青可以使茶汤显得更绿，这是邢瓷不如越瓷的第三点。

---

〔1〕鼎州：今湖南常德一带。

〔2〕婺州：今浙江金华一带。

〔3〕岳州：今湖南岳阳一带。

〔4〕上：《百川学海》本此句中的“上”写作“次”，误，据《唐宋丛书》本改。

〔5〕寿州：今安徽寿县一带。

〔6〕洪州：今江西南昌一带。

〔7〕邢州：今河北邢台一带。

盛茶工具

◉ 碗
用于盛煮好的茶汤。

yù chuǎn ōu

晋杜毓《荈赋》所谓："器择陶拣，出自东瓯。"瓯，越也。瓯，越州上，口唇不卷，底卷而浅，受半升已下。

译文 晋代杜毓的《荈赋》中所说的："器择陶拣，出自东瓯。"瓯（地名），就是越州（今浙江绍兴一带）。瓯（小茶盏），也是越州出产的品质最好，碗口不卷边，底部边缘卷而浅，容量不超过半升。

越州瓷、岳瓷皆青，青则益茶。茶作白红之色。邢州瓷白，茶色红；寿州瓷黄，茶色紫；洪州瓷褐，茶色黑；悉不宜茶。

译文 越州瓷、岳州瓷都呈青色，易于呈现茶的汤色，茶本身是淡红色的。邢瓷是白色，使茶汤呈红色；寿州瓷是黄色，使茶汤呈紫色；洪州瓷是褐色，使茶汤呈黑色；这些都不适合用来盛茶。

唐以前

早在唐以前，碗和杯就已经存在，到唐代更加精致讲究。

◉ 春秋·原始瓷弦纹碗

◉ 南朝·点彩青瓷碗

唐

唐代称为“碗”，敞口、窄底，碗身斜直，因《茶经》而推崇青色越瓷。

◉ 唐·白瓷茶碗

◉ 唐·越窑青瓷碗

◉ 唐·越窑青瓷盏

◉ 唐·绿釉茶盏

唐以后

“碗”使用时间较长，直至宋出现了“盏”，取其浅而小之意。宋人因斗茶而推崇黑盏。

◉ 五代·越窑青瓷碗

◉ 宋·耀州窑碗

◉ 宋·官窑粉青盏

◉ 宋·影青刻花葵口茶盏

◉ 宋·建窑黑釉铁锈斑纹盏

◉ 宋·磁州窑黑釉盏

清洁工具

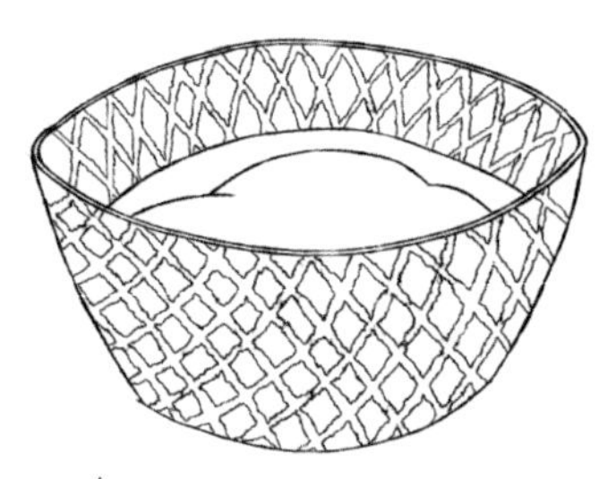

◉ 畚

放置清洁后茶碗的用具，可装十只。与具列、都篮略有区别。

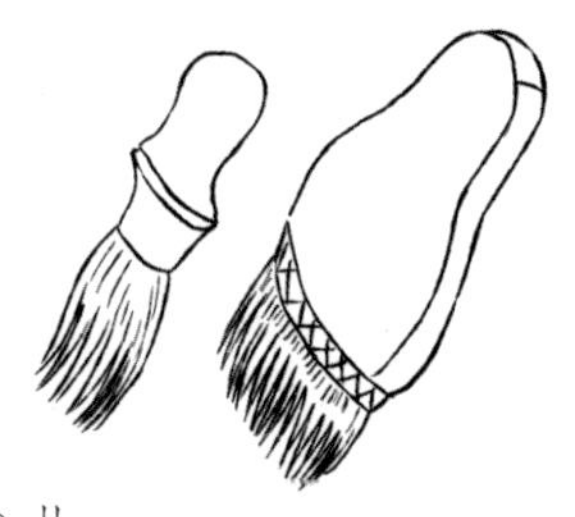

◉ 札

文中再无提及，推测为清理各种茶器的用具。

畚[1]

（bĕn）

畚，以白蒲[2]卷而编之，可贮碗十枚，或用筥。其纸帊（pà）[3]以剡（shàn）纸夹缝，令方，亦十之也。

译文 畚，用白蒲草编成，可放十只碗，也可用竹筥替代。把两层剡藤纸缝制成方形的纸帊，也可以放十只碗。

札

（zhá）

札，缉（jī）[4]栟（bīng）榈（lǘ）皮以茱萸木[5]夹而缚之，或截竹束而管之，若巨笔形。

译文 札，选取栟榈皮搓成细条，用茱萸木夹住缚紧而成，或割下一截竹子绑束而成，像一支大笔的形状。

[1] 畚：畚箕。

[2] 白蒲：莎草科植物。

[3] 帊：帛二幅或三幅为帊，亦作衣服解。纸帊，指茶碗的纸套子。

[4] 缉：析成缕搓成线。

[5] 茱萸木：落叶小乔木，可以入药，有香气。

清洁工具

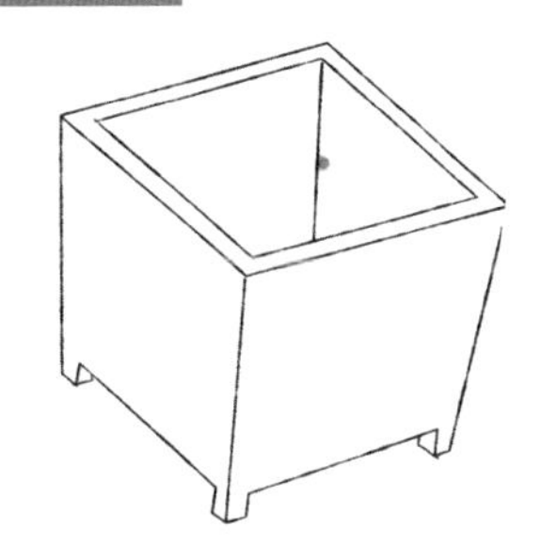

◉ 涤方
煮茶后，洗涤茶器后的水，倒入其中。

涤方[1]

涤（dí）方，以贮涤洗之余，用楸（qiū）木合之，制如水方，受八升。

译文 涤方，用来贮存洗涤茶具后的水。用楸木制成盒形，形制和水方一样，容积为八升。

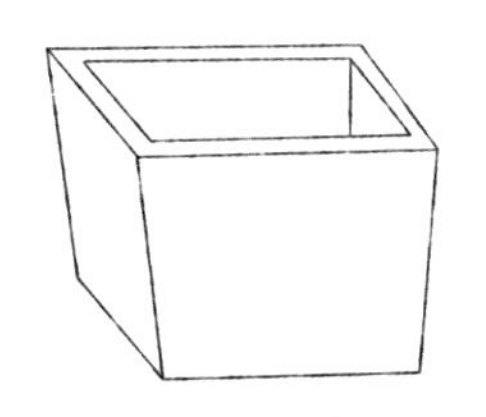

◉ 滓方
煮后的茶渣，倒入其中。

滓方[2]

滓（zǐ）方，以集诸滓，制如涤方，处五升。

译文 滓方，用来盛放各种茶渣，形制如同涤方，容积约为五升。

◉ 巾
洗涤后的茶器，用其擦拭。

巾

巾，以绝（shī）[3]布为之，长二尺，作二枚，互用之，以洁诸器。

译文 巾，用粗绸子做成，长二尺，做成两块，交替使用，用来清洁各种器具。

[1] 涤方：废水盆。

[2] 滓方：茶渣盆。

[3] 绝：粗绸。

具列、都篮都是陈列茶具的工具。虽二者与今之形态相差甚远，但作用差不多。具列更像是家里摆设茶器的架子，而都篮更像是外出携带茶具的便携包。

茶經卷中

具列

具列。或作床。或作架。或純木。純竹而製之。或木法竹。黃黑可扃而漆者。長三尺。闊二尺。高六寸。具列者。悉斂諸器物。悉以陳列也。

都籃

都籃。以悉設諸器而名之。以竹篾內作三角方眼。外以雙篾闊者經之。以單篾纖者縛之。遞壓雙經。作方眼。使玲瓏。高一尺五寸。底闊一尺。高二寸。長二尺四寸。闊二尺。

陈列工具

◉ 具列

陈列所有茶器。

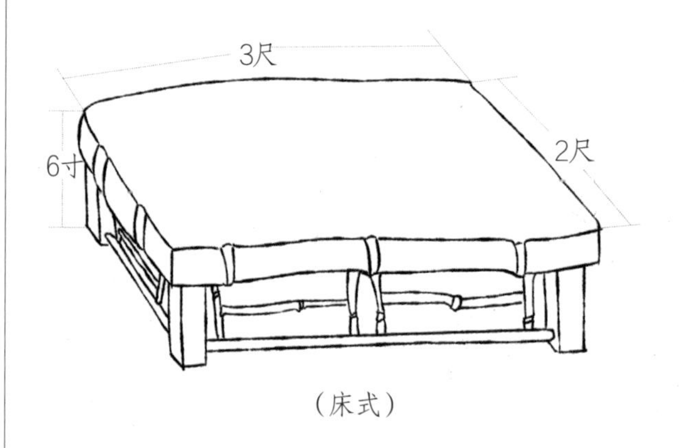

（床式）

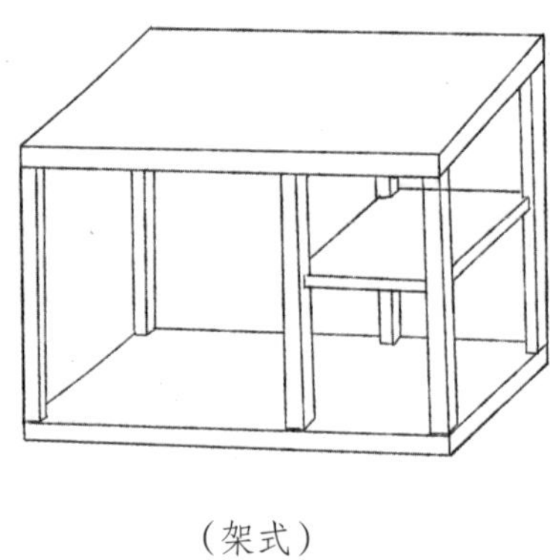

（架式）

具列

具列，或作床，或作架，或纯木、纯竹而制之。或木法[1]竹，黄黑可局[2]而漆者，长三尺，阔二尺，高六寸。具列者[3]，悉敛诸器物，悉以陈列也。

译文 具列，做成床形或架形。用纯木、纯竹制成。或用木头仿制成竹子的样子，在设计好之后漆成黄黑色，长三尺，宽二尺，高六寸。具列的意思就是收纳并陈列全部器物。

---

〔1〕法：效法。

〔2〕局：样式、设计。

〔3〕具列者：《百川学海》本此处写作“其到者”，误，据竟陵本改。

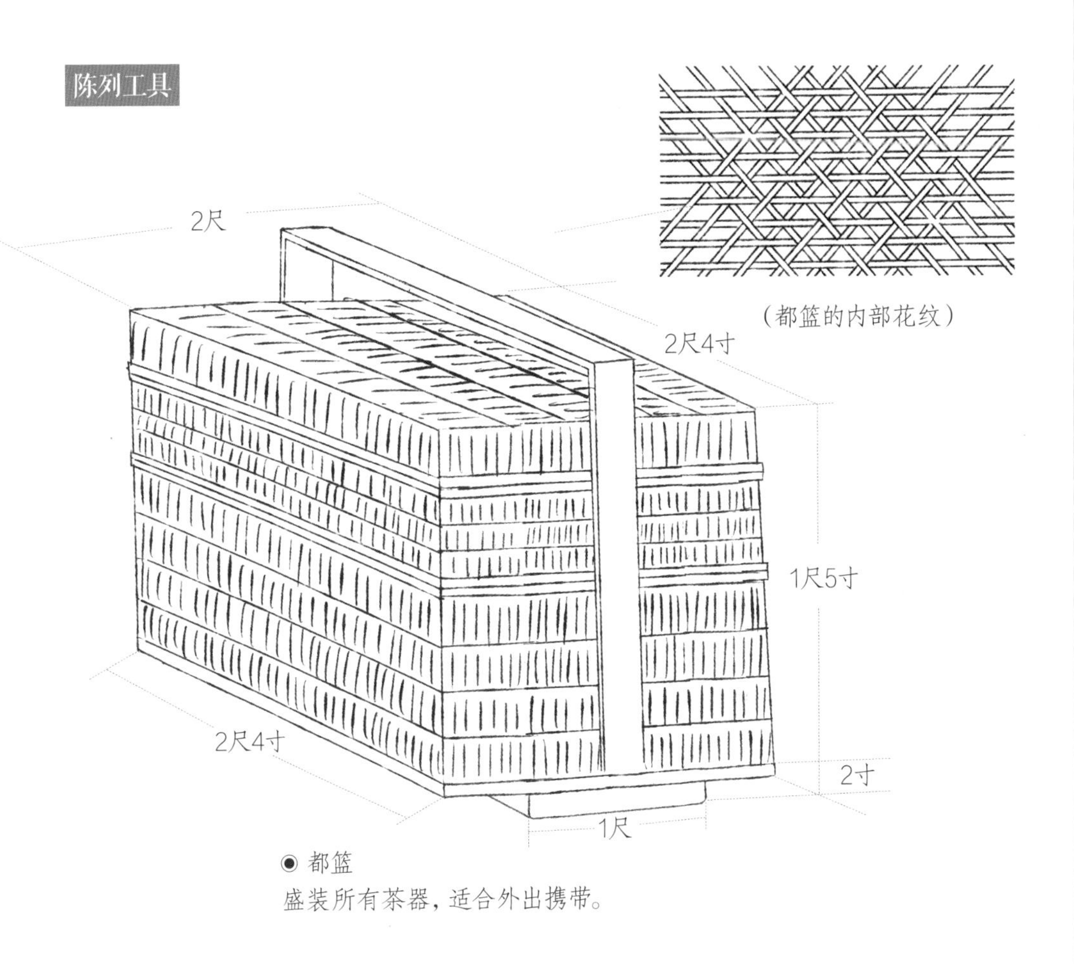

◉ 都篮
盛装所有茶器，适合外出携带。

都篮

都篮，以悉设诸器而名之。以竹篾内作三角方眼，外以双篾阔者经之，以单篾纤者缚之，递压双经，作方眼，使玲珑。高一尺五寸，底阔一尺、高二寸，长二尺四寸，阔二尺。

译文 都篮，以能装下所有器具而得名。用竹篾编制，内部编成三角方眼形，外边用两道宽篾作经线，一道细篾作纬线，交替编压，编成方眼，使其玲珑美观。都篮高一尺五寸，底宽一尺，底高二寸，长二尺四寸，宽二尺。

紙囊貯之。精華之氣無所散越。候寒末之。（末之上者。其屑如細米。末之下者。其屑如菱角。）其火用炭。次用勁薪。（謂桑槐桐櫪之類也。）其炭。曾經燔炙。為膻膩所及。及膏木敗器。不用之。（膏木為柏桂檜也。敗器謂朽廢器也。）古人有勞薪之味。信哉。其水。用山水上。江水中。井水下。（荈賦所謂水則岷方之注。挹彼清流。）其山水。揀乳泉石池慢流者上。其瀑湧湍漱。勿食之。久食令人有頸疾。又多別流於山谷者。澄浸不洩。自火天至霜郊以前。或潛龍蓄毒於其間。飲者可決之以流其惡。使新泉涓涓然。酌之。其江水取去人遠者。井取汲多者。

古法今观

用炭和用水，似乎现在与唐代已经完全不同了，但究其根本，今人所遵循的也是陆羽的要求。炭或者说燃料要火力稳定，不能有异味；水要清、轻、甘、活、冽。

五之煮

陆羽所说的煮茶，其实分为煮水和煮茶两道工序。先把水煮至第一沸，再加盐后煮至第二沸，最后加入茶煮至第三沸。这其中选炭、控火、选水无一不需要讲究。而煮后的酌更是考验技艺的关键，由此甚至演变成为宋代著名的斗茶。

茶經卷下

竟陵陸　羽　撰

五之煑

凡炙茶。慎勿於風燼間炙。熛焰如鑽。使炎凉不均。持以逼火。屢其飜正。候炮普教反。出培塿。狀蝦蟆背。然後去火五寸。卷而舒。則本其始又炙之。若火乾者。以氣熟止。日乾者。以柔止。其始。若茶之至嫩者。蒸罷熱搗。葉爛而牙笋存焉。假以力者。持千鈞杵亦不之爛。如漆科珠。壯士接之。不能駐其指。及就。則似無穰骨也。炙之。則其節若倪倪如嬰兒之臂耳。既而承熱用

煮茶工序

唐代茶叶以茶饼形式保存，主要以煎茶法煮茶，步骤是先烤茶，再碾成末，然后将末入水，煮水煎茶。喝茶方式也从粗放的解渴式饮茶提升到细煎慢啜式的品饮，以至形成饮茶艺术。

烤茶，用夹夹住放在火上，直到烤干水分。烤好后趁热放进纸囊储存。
碾罗，冷却后的饼茶，从纸囊中拿出，碾压成茶末，再用罗过筛，储存在合中，取用时用则。

选炭。炭装在筥中，大块的炭用炭檛捣碎，用火筴夹住放入风炉。
选水。选好的水用漉水囊过滤后，倒入水方。风炉上架鍑，用瓢从水方中舀水，倒进鍑。

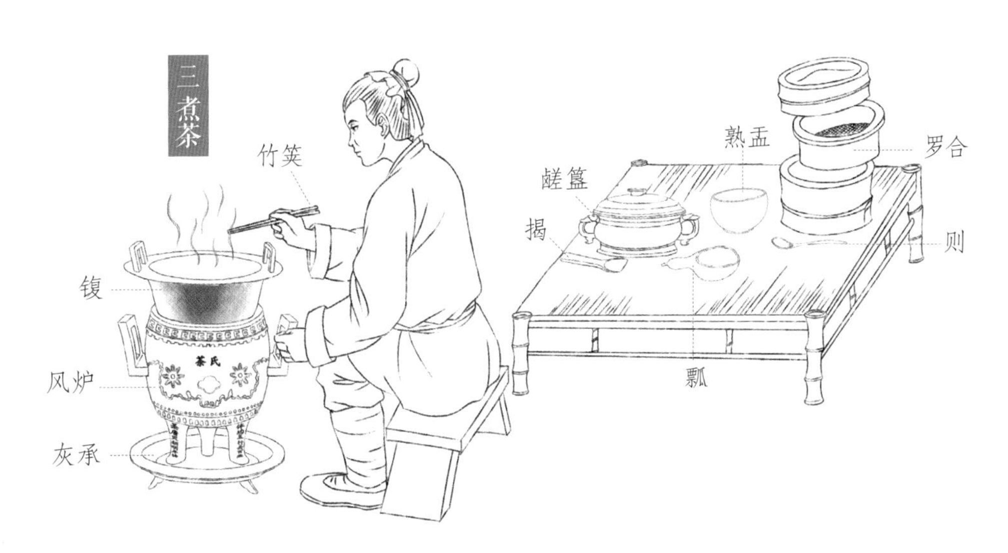

煮茶第一沸后，从鹾簋中用揭取盐，放入。
煮茶二沸，用瓢舀出“隽永”倒入熟盂，再用竹筴绕圈搅动，从罗合中用则取出茶末倒入。
煮茶三沸育华，将熟盂中的水再倒回鍑。

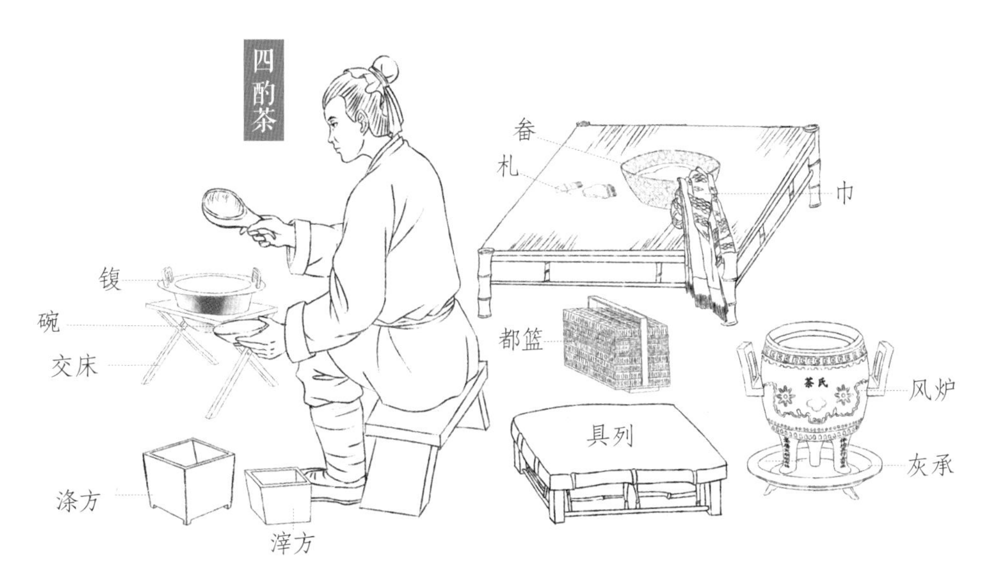

酌茶，将煮好的茶用瓢舀到碗中饮用。饮用结束后，用札、巾清洁茶器，废水倒入涤方，茶渣倒入滓方。茶碗可以放入畚。所有茶具都可以放入具列、都篮。

凡炙茶，慎勿于风烬间炙，

biāo

熛焰[1]如钻，使炎凉不均。持

páo

以逼火，屡其翻正，候炮[2]

péi lǒu　　　há má

出培塿[3]，状虾蟆背[4]，然后

去火五寸。

译文　烤饼茶时，注意不要在迎风的余火上烤，因为火苗飘忽不定，火舌迸飞如钻，会使茶受热不均。应该夹着茶饼靠近火焰炙烤，并不断翻动，等到茶饼表面烤出像虾蟆背那样的疙瘩时，就移到离火五寸的地方。

卷而舒，则本其始又炙之。若火干者，以气熟止；日干者，以柔止。

译文　待卷缩的饼面逐渐舒展后，再按之前的办法再烤一次。如果是烘干的茶饼，要烤到散发出熟味为止；如果是晒干的茶饼，则烤到茶变软为止。

---

〔1〕熛焰：迸飞的火焰。

〔2〕炮：用火烧烤。

〔3〕培塿：小山或小土堆。

〔4〕状虾蟆背：蛤蟆背，有很多丘包，不平滑，形容茶饼表面起泡如蛙背。

其始，若茶之至嫩者，蒸罢热捣，叶烂而牙笋存焉。假以力者，持千钧杵亦不之烂。如漆科珠[1]，壮士接之，不能驻其指。

译文 开始制茶时，对于极嫩的茶叶，需要蒸后趁热舂捣，叶面捣烂了但芽尖仍然完好。即使力气大的人用最重的杵去舂捣也不能把芽捣烂，就像壮汉用手指捏不住细小的漆树子。

及就，则似无穰（ráng）[2]骨也。炙之，则其节若倪倪[3]如婴儿之臂耳。既而承热用纸囊贮之，精华之气无所散越，候寒末[4]之。[5]

译文 捣好的茶如同没有筋骨的禾杆，烘烤后，芽梗受热膨胀像婴儿的手臂。茶烤好后，趁热用纸袋贮存起来，使它的香气不致散失，待冷却后再碾成细末。

---

[1] 漆科珠：漆树子，漆树科漆属落叶乔木，高达二十米。另有“黍米珠”一说。

[2] 穰：禾茎秆内柔软的部分。

[3] 倪倪：茶梗、茶芽受热膨胀的样子。

[4] 末：《百川学海》本夹注中对末进一步解释：好的茶末，形如细米，差的就像菱角。

[5] 以上四段中，《百川学海》本中“后”“气”“热”“之烂”“穰”漫漶，据日本本补。

其火用炭，次用劲薪。其炭，曾经燔(fán)炙[1]，为膻腻所及，及膏木[2]、败器，不用之。古人有劳薪[3]之味，信哉。

译文 煮茶的燃料，最好用木炭，其次用火力猛的木柴（如桑、槐、桐、枥一类的木柴）。烧过的沾染了腥膻油腻味的木炭，含有油脂的木柴（如柏、桂、桧树）和腐坏的木器（废弃的腐朽木器）都不能用。古人认为用经常吃力的木头（如车轮、门轴）做成的柴烧出的食物味道不好，确实如此。

其水，用山水上，江水中，井水下。[4]其山水，拣乳泉[5]、石池慢流者上；其瀑涌湍(tuān)漱[6]，勿食之，久食令人有颈疾[7]。

译文 煮茶的水，以山泉为最好，其次是江河水，井水最差。山泉水最好取用石钟乳上滴下的水或石池里缓慢流动的水，瀑布、涌泉之类奔流湍急的水不要饮用，长期饮用这种水会使人得急性传染病。

---

〔1〕燔：烤的意思。

〔2〕膏木：含有油脂的木头。

〔3〕劳薪：指以频繁使用过的木头充当的柴。

〔4〕其水，用山水上，江水中，井水下：《百川学海》本夹注中提到，《荈赋》中认为，要饮用岷地流注下来的清水。

〔5〕乳泉：从石钟乳滴下的水，富含矿物质。

〔6〕湍漱：湍，急流的水；漱，原作洗口解，这里引申为用水冲刷。

〔7〕颈疾：颈，通“径”，义为急、快；颈疾，此处义为暴病，即急性传染病。

又多别流于山谷者，澄浸不泄，自火天[1]至霜郊以前，或潜龙蓄毒[2]于其间，饮者可决之，以流其恶，使新泉涓涓然[3]，酌之。

译文 还有多处支流汇合于山谷中的水，虽然清澈澄净，但因一直不流动，从酷暑到霜降之前，也许有龙蛇潜居其中积毒，取用时要先挖一处决口，使不好的水流出，同时新的泉水慢慢流入，这样的水才能汲取饮用。

其江水取去人远者，井取汲多者。

译文 至于江河中的水，要到远离人烟、较远的地方去取；井水则要到人们经常汲用的井中汲取。

[1] 火天：炎热的夏天。

[2] 或潜龙蓄毒：潜龙，指潜伏在水底的龙蛇一族。此处实际指滋生的细菌等不好的东西。《百川学海》本此句中的“或”写作“惑”，误，据日本本改。

[3] 涓涓然：细水漫流的样子。

沫之上有水膜，如黑雲母，飲之則其味不正。其第一者爲雋永。（徐縣、全縣二反。至美者曰雋永。雋，味也。永，長也。味長曰雋永。漢書蒯通著雋永二十篇也。）或留熟盂以貯之，以備育華救沸之用。諸第一與第二、第三盌次之。第四、第五盌外，非渴甚莫之飲。凡煮水一升，酌分五盌。（盌數少至三，多至五。若人多至十，加兩爐。）乘熱連飲之，以重濁凝其下，精英浮其上。如冷，則精英隨氣而竭，飲啜不消亦然矣。茶性儉，不宜廣，廣則其味黯澹。且如一滿盌，啜半而味寡，況其廣乎！其色緗也，其馨歎也。（香至美曰歎，歎音使。）其味甘，檟也；不甘而苦，荈也；啜苦咽甘，茶也。（本草云：其味苦而不甘，檟也；甘而不苦，荈也。）

古法今观

由唐代煮茶法，发展到宋代点茶法，明代的撮泡法，再到如今冲泡法，可谓逐步简化，从而被更多人接受。点茶法，煎水不煎茶，用沸水来冲点茶末调膏。撮泡法和冲泡法基本相同，沸水直接冲泡散茶而饮。

其沸如魚目微有聲為一沸緣邊如湧泉連珠為二沸騰波鼓浪為三沸已上水老不可食也初沸則水合量調之以鹽味謂弃其啜餘（啜嘗也市稅反又市悅反）無迺䶣䵳而鍾其一味乎（上古暫反下吐濫反無味也）第二沸出水一瓢以竹筴環激湯心則量末當中心而下有頃勢若奔濤濺沫以所出水止之而育其華也凡酌置諸盌令沫餑均（字書并本草餑茗沫也蒲笏反）沫餑湯之華也華之薄者曰沫厚者曰餑細輕者曰花如棗花漂漂然於環池之上又如迴潭曲渚青萍之始生又如晴天爽朗有浮雲鱗然其沫者若綠錢浮於水渭又如菊英墮於鐏俎之中餑者以滓煑之及沸則重華累沫皤皤然若積雪耳荈賦所謂煥如積雪燁若春藪有之第一煑水沸而弃其

其沸，如鱼目，微有声，为一沸。缘边如涌泉连珠，为二沸。腾波鼓浪，为三沸。已上水老，不可食也。

译文 水煮沸时，水泡像鱼眼，有轻微的声响，此为“一沸”；锅的边缘有涌泉般的连珠水泡时，称为“二沸”；水在锅中翻腾如浪，为“三沸”。这时如果再继续煮，水就过老而不宜饮用了。

初沸，则水合量调之以盐味，谓弃其啜(chuò)[1]余，无乃䩎(gàn)䰨(tàn)[2]而钟其一味乎？

译文 水初沸时，按水的多少放入适量的盐调味，取出些来尝，把尝剩下的水倒掉，不然岂不是喜欢那不咸不淡的口味吗？

---

〔1〕啜：尝的意思。

〔2〕䩎䰨：不咸不淡，咸而无味，不够味，此处的“无味”是相对于“咸”而言的。如今福州方言中还有这样的说法。

第二沸出水一瓢，以竹筴环激汤心，则量末当中心而下，有顷，势若奔涛溅沫，以所出水止之，而育其华[1]也。

译文 第二沸时，舀出一瓢水，用竹筴在沸水中心绕圈搅动，用“则”取适量茶末从搅动而成的漩涡中心倒入。一会儿，水沸如波涛翻滚，水沫飞溅，这时把刚才舀出的水倒入，使水不再沸腾，以孕育表面生成的汤花。

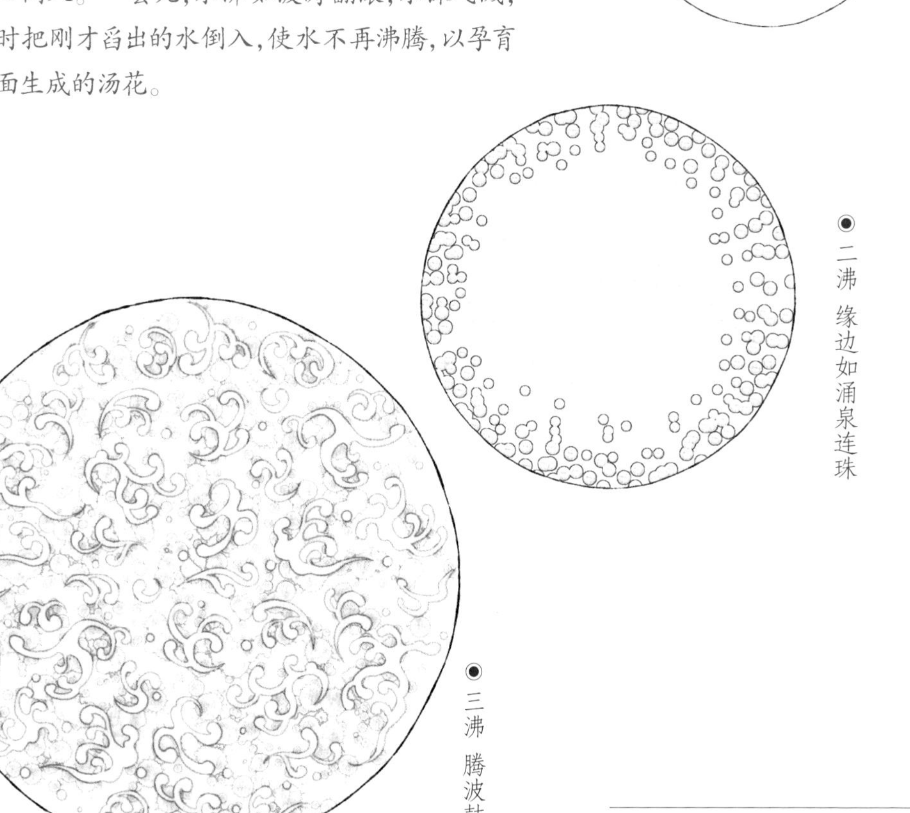

◉一沸 如鱼目微有声

◉二沸 缘边如涌泉连珠

◉三沸 腾波鼓浪

[1] 华：汤面泡沫，即汤花。

凡酌，置诸碗，令沫饽（bō）[1]均。

译文　饮茶时，将茶舀到各个碗中，要使沫饽尽量均匀。

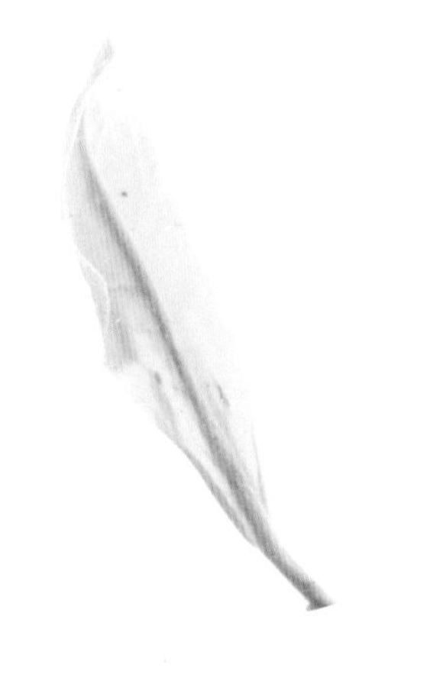

沫饽，汤之华也。华之薄者曰沫，厚者曰饽，细轻者曰花，如枣花漂漂然于环池之上，又如回潭曲渚青萍之始生，又如晴天爽朗有浮云鳞然。

译文　沫饽是茶汤的精华。薄的叫“沫”，厚的叫“饽”，细轻的叫“花”，就像池塘中缓缓漂浮的枣花，又像曲折的潭水绿洲上新生的浮萍，也像晴朗的天空中鱼鳞般的浮云。

---

〔1〕饽：茶汤表面的浮沫。《字书》和《本草》中认为饽是茶汤的沫。

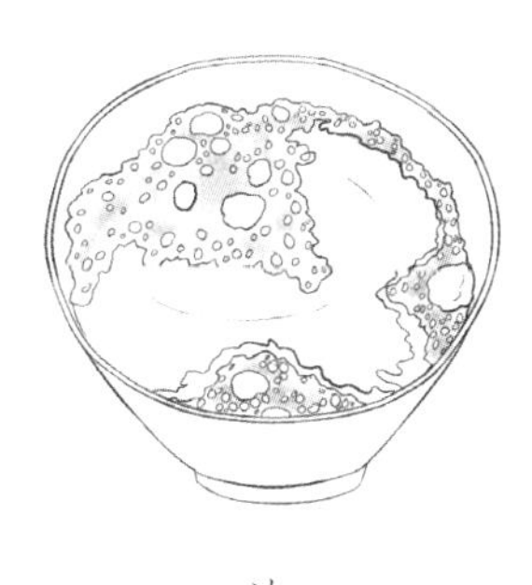

沫

饽

花

其沫者，若绿钱[1]浮于水渭(wèi)[2]，又如菊英堕于鐏(zūn)俎(zǔ)[3]之中。

译文 “沫”像浮在岸边的青苔，又像洒落在杯盘中的菊瓣。

饽者，以滓煮之，及沸，则重华累沫，皤(pó)皤[4]然若积雪耳。《荈(chuǎn)赋》所谓：“焕如积雪，烨(yè)[5]若春藪(fū)[6]”，有之。

译文 “饽”是沉在下面的茶渣煮出来的，水沸腾时，茶汤表面不断生成、积累茶沫，层层堆积得如白雪一般。《荈赋》中说“明亮得像积雪，灿烂得像春花”，描写的就是这番景象。

[1] 绿钱：苔藓的别称。

[2] 渭：水边、岸边。

[3] 鐏俎：鐏，现为樽，盛酒的器皿；俎，盛肉的礼器。这里指盛茶器。

[4] 皤：白色的。

[5] 烨：光辉灿烂的意思。

[6] 藪：花的通名。

第一煮水沸，而弃其沫，之上有水膜，如黑云母，饮之则其味不正。其第一者为隽永[1]，或留熟盂[2]以贮之，以备育华救沸之用。

译文 第一次煮沸的水，要把表面一层像黑云母的水膜去掉，因为它的滋味不正。从锅中舀出的第一碗水为“隽永”，可以把它贮存在熟盂中，留作孕育汤花和抑止沸腾之用。

诸第一与第二、第三碗次之，第四、第五碗外，非渴甚莫之饮。

译文 之后的第一、第二、第三碗的茶汤味都次于“隽永”，第四、第五碗之后的茶汤，如果不是渴得太厉害，就不值得喝了。

〔1〕隽永：味长的意思。也有茶味至美之意。指滋味。

〔2〕《百川学海》本原句“盂”脱，诸本悉同，“熟盂”为贮热水之专门器具，据补。

凡煮水一升，酌分五碗。乘热连饮之，以重浊凝其下，精英浮其上。如冷，则精英随气而竭，饮啜不消亦然矣。

译文 通常煮水一升，可分为五碗（少的三碗，多的五碗。如果多到十人，应煮两炉），趁热饮用，因为重浊之物沉淀在底下，而精华则浮在上面。茶冷却后，精华就会随着热气挥发，也就不值得饮用了。

茶性俭，不宜广，广[1]则其味黯澹[2]。且如一满碗，啜（chuò）半而味寡，况其广乎！其色缃（xiāng）[3]也。其馨欻（sǐ）[4]也。其味甘，槚（jiǎ）也；不甘而苦，荈（chuǎn）也；啜苦咽甘，茶也。

译文 茶有俭约的特性，水不宜多，水越多味道就越淡薄。如同一整碗茶，喝到一半味道就觉得淡了，何况加更多的水呢！茶的汤色浅黄，香气至美。味道甘甜的是“槚”；不甜而苦的是“荈”；入口有苦味，咽下去又有回甘的则是“茶”。

[1]《百川学海》本原句“广”脱，据王圻《稗史汇编》本补。

[2] 黯澹：同“暗淡”。

[3] 缃：浅黄色。

[4] 欻：香气至美。

宋 佚名——斗茶图（局部）

（元）赵孟頫——斗茶图（局部）

者衣。衣精極。所飽者飲食。食與酒皆精極之。茶有九難。一曰造。二曰別。三曰器。四曰火。五曰水。六曰炙。七曰末。八曰煑。九曰飲。陰採夜焙。非造也。嚼味嗅香。非別也。羶鼎腥甌。非器也。膏薪庖炭。非火也。飛湍壅潦。非水也。外熟内生。非炙也。碧粉縹塵。非末也。操艱攪遽。非煑也。夏興冬廢。非飲也。夫珍鮮馥烈者。其盌數三。次之者盌數五。若坐客數至五。行三盌。至七。行五盌。若十人已下。不約盌數。但闕一人而已。其雋永補所闕人。

陆羽所规范的茶汤碗数，在如今的功夫茶道中仍有所保留，其所用茶壶大小，根据人的数量、碗数而定。而《红楼梦》中对品饮的杯数也有描写，「一杯为品，二杯是解渴，三杯便是饮驴」。

六之飲

翼而飛。毛而走。呿而言。此三者俱生於天地間。飲啄以活。飲之時義遠矣哉。至若救渴。飲之以漿。蠲憂忿。飲之以酒。蕩昏寐。飲之以茶。茶之為飲。發乎神農氏。聞於魯周公。齊有晏嬰。漢有揚雄。司馬相如。吳有韋曜。晉有劉琨。張載。遠祖納。謝安。左思之徒。皆飲焉。滂時浸俗。盛於國朝。兩都并荊渝間。以為比屋之飲。飲有觕茶。散茶。末茶。餅茶者。乃斫。乃熬。乃煬。乃舂。貯於瓶缶之中。以湯沃焉。謂之痷茶。或用葱。薑。棗。橘皮。茱萸。薄荷之等。煑之百沸。或揚令滑。或煑去沫。斯溝渠間棄水耳。而習俗不已。於戲。天育萬物。皆有至妙。人之所工。但獵淺易。所庇者屋。屋精極。所著

六之饮

茶的重要性在本节被陆羽再次强调，茶所具有的提神作用，不仅仅是生理上的，更是精神上的。喝茶从最初的药用、食用、饮用逐步升华到精神层面的享受，是一代一代中国文人所追求的进阶之路。本节中，你不仅能体会到陆羽品饮茶的感受，还能看到唐代人们饮茶的习惯、礼仪。

荡昏寐，饮之以茶。

翼而飞，毛而走，呿(qū)[1]而言。此三者俱生于天地间，饮啄以活，饮之时义远矣哉。

译文 有翅而飞的禽鸟，毛丰而跑的兽类，开口能言的人，这三者生活在天地之间，依靠饮食维持生命活动，可见饮的现实意义深远。

至若救渴，饮(yìn)之以浆[2]；蠲(juān)[3]忧忿，饮(yìn)之以酒；荡昏寐，饮(yìn)之以茶。

译文 若要解渴，就得喝浆；若要消愁解闷，就得喝酒；若要消睡提神，就得喝茶。

[1] 呿：张开嘴巴的样子。《百川学海》本写为"去"，据竟陵本改。

[2] 浆：古代一种微酸的饮料，六清之一。（"六清"详见139页）

[3] 蠲：除去。

茶之为饮，发乎神农氏，闻于鲁周公。齐有晏婴，汉有扬雄、司马相如，吴有韦曜，晋有刘琨、张载、远祖纳[1]、谢安、左思之徒[2]，皆饮焉。

译文 茶作为饮料，开始于神农氏。鲁周公时，已为人所知。春秋时齐国的晏婴，汉代的扬雄、司马相如，三国时吴国的韦曜，晋代的刘琨、张载、陆纳、谢安、左思等人都爱喝茶。

滂(pāng)[3]时浸俗，盛于国朝[4]，两都[5]并荆渝[6]间，以为比屋[7]之饮。

译文 后来流传广了，便成为风气，到了唐朝，饮茶之风盛于全国，在西安、洛阳两个都城及荆州、渝州一带，竟是家家户户饮茶。

[1] 远祖纳：指陆纳，陆羽因与陆纳同姓，故称之为远祖。

[2] 此处所述人物，在《七之事》中有具体解释。

[3] 滂：原指大水，此处引申为浸润，影响。

[4] 国朝：指《茶经》的写作年代，即唐朝。

[5] 两都：指唐朝的西京长安，东都洛阳。

[6] 荆渝：荆，荆州，江陵府，天宝间一度为江陵郡，今湖北一带；渝，渝州，天宝间称南平郡，治巴县，今四川一带。

[7] 比屋：指家家户户。

饮有粗茶、散茶、末茶、饼茶者，乃斫（zhuó）[1]、乃熬、乃炀（yáng）[2]、乃舂（chōng）[3]，贮于瓶缶（fǒu）[4]之中，以汤沃焉，谓之痷（ān）[5]茶。

译文 饮用的茶有粗茶（连枝带叶的茶）、散茶、末茶、饼茶，分别用刀劈开、蒸煮、烤炙、捣碎的方法加工处理后放到瓶罐中，用热水浸泡的，称为“痷茶”。

或用葱、姜、枣、橘皮、茱萸、薄荷之等，煮之百沸[6]，或扬令滑，或煮去沫。斯沟渠间弃水耳，而习俗不已。

译文 也有加葱、姜、枣、橘皮、茱萸、薄荷等，与茶一起煮很长的时间，或把茶汤扬起使汤变得柔滑，或煮好后把茶汤上的“沫”去掉，这样的茶无异于倒在沟渠里的废水，可是这样的风俗习惯却流传不已。

---

〔1〕斫：用刀斧砍。

〔2〕炀：烘干，烤火。

〔3〕舂：捣碎。

〔4〕缶：古代盛酒瓦器。

〔5〕痷：浮泛，此指以水浸泡茶叶之意。

〔6〕百沸：多次煮沸。百，指次数多。

於戏[1]！天育万物，皆有至妙。人之所工，但猎浅易。所庇者屋，屋精极；所着者衣，衣精极；所饱者饮食，食与酒皆精极之。

译文 啊，天生万物，都有它最精妙之处，人们擅长的只是那些浅显易做之事。住的是房屋，房屋就造得极精致；穿的是衣服，衣服就做得很精美；饱腹的是饮食，食物和酒也制作得极精美。

茶有九难：一曰造，二曰别，三曰器，四曰火，五曰水，六曰炙，七曰末，八曰煮，九曰饮。

译文 茶（要做到精致就）有九个难处：一是制造，二是鉴别，三是器具，四是用火，五是择水，六是炙烤，七是碾末，八是烹煮，九是品饮。

[1] 於戏：同“呜呼”，感叹词，亦作“於熙”。

夫珍鲜馥烈者，其碗数三。

阴采夜焙，非造也；嚼味嗅香，非别也；膻(shān)鼎腥瓯(ōu)，非器也；膏薪庖(páo)炭，非火也；飞湍壅(yōng)潦(lǎo)[1]，非水也；外熟内生，非炙也；碧粉缥(piǎo)[2]尘，非末也；操艰搅遽(jù)[3]，非煮也；夏兴冬废，非饮也。

译文 阴天采摘和夜间焙制，不是正确的制造方法；口嚼辨味，鼻闻辨香，不是正确的鉴别方法；用沾染了膻气的风炉与腥气的碗，是器具选用不当；用有油脂的柴和烤过肉的炭，是燃料选用不当；用急流或死水，是择水不当；饼茶外熟内生，则炙烤不当；捣得如同粉尘般的青绿色茶末，是研磨不当；操作不熟练，搅动过快，不是正确的烧煮方法；夏天饮茶而冬天不喝，不是正确的饮用方法。

[1] 壅潦：死水的意思。

[2] 缥：青白色或淡青色。

[3] 遽：速度快的样子。

夫珍鲜馥(fù)[1]烈者，其碗数三。次之者，碗数五。若坐客数至五，行(xíng)三碗；至七，行五碗；若十[2]人已下，不约碗数，但阙一人而已，其隽永补所阙人。

译文　鲜美而味浓的好茶，(一炉) 只煮三碗，味道差一些的也最多煮五碗。假若喝茶的客人为五人，就煮三碗分饮；有七人时，就煮五碗匀分；假若是十人以下，可不必管碗数，只要按缺少一人计算，把原先留出的“隽永”补所缺的人就可以了。

[1] 馥：香气。

[2] 十：原文为“六”，疑为“十”之误，因前文《五之煮》有小注曰“碗数少至三，多至五。若人多至十，加两炉”，则此处所言之数当为七人以上、十人以下。(参见105页译文)

皇朝。徐英公勣。

神農食經。茶茗久服。令人有力。悅志。

周公爾雅。檟。苦茶。廣雅云。荊巴間採葉作餅。葉

老者。餅成以米膏出之。欲煮茗飲。先炙令赤色。搗

末置瓷器中。以湯澆覆之。用葱。薑。橘子芼之。其飲

醒酒。令人不眠。

晏子春秋。嬰相齊景公時。食脫粟之飯。炙三弋。

五卵。茗菜而已。

司馬相如凡將篇。烏喙。桔梗。芫華。款冬。貝母。木蘗。

蔞。芩草。芍藥。桂。漏蘆。蜚廉。雚菌。荈詫。白斂。白芷。

菖蒲。芒消。莞椒。茱萸。

古法今观

陆羽记载了从上古到唐代与茶有关的四十四个人，四十八个故事，从中能看出茶叶的变迁。神农时期已经确认茶叶药用价值，西周巴蜀一带已经将茶叶作为贡品，秦以后茶业重心开始东移，西汉时期茶叶已经作为商品买卖，三国两晋时期，茶叶的种植进一步东移，扩展到江南、浙西等地。到了唐朝，饮茶已是生活常事，越来越多的诗画作品中出现饮茶描述。

七之事

三皇。炎帝神農氏。周。魯周公旦。齊。相晏嬰。漢。仙人丹丘子。黄山君。司馬文園令相如。揚執戟雄。吳。歸命侯。韋太傅弘嗣。晋。惠帝。劉司空琨。琨兄子兗州刺史演。張黄門孟陽。傅司隸咸。江洗馬統。孫參軍楚。左記室太沖。陸吳興納。納兄子會稽内史俶。謝冠軍安石。郭弘農璞。桓揚州温。杜舍人毓。武康小山寺釋法瑶。沛國夏侯愷。餘姚虞洪。北地傅巽。丹陽弘君舉。樂安任育長。宣城秦精。燉煌單道開。剡縣陳務妻。廣陵老姥。河内山謙之。後魏。瑯琊王肅。宋。新安王子鸞。鸞兄豫章王子尚。鮑昭妹令暉。八公山沙門曇濟。齊。世祖武帝。梁。劉廷尉。陶先生弘景。

七之事

茶的风靡，依赖于人，这些人有文人骚客，也有佛教僧徒。本节陆羽收集了从上古到唐代与茶有关的人和史料。这些史料有的记载于医书，有的记载于史书，有的记载于诗词歌赋、神异小说，还有的记载于字书、词典、地理著作。

神农氏

三皇：炎帝[1]神农氏。

周：鲁周公旦[2]。

齐：相晏婴[3]。

译文 三皇时期：炎帝神农氏。

周朝：鲁国周公旦。

齐国：丞相晏婴。

---

〔1〕炎帝：上古时期三皇之一，部落首领，号神农氏。因为懂得用火而得到王位，因此被称为“炎帝”。神农辨药尝百草是著名的古代神话故事。

〔2〕周公旦：西周时期人，姓姬，名旦，氏号周，爵位为公。曾辅佐周武王，歼灭殷商。与他有关的典故有“周公吐哺”“周公解梦”。

〔3〕晏婴：春秋时期齐国人，曾任丞相，聪明机智，能言善辩，外交才能出众。

汉：仙人丹丘子，黄山君[1]，司马文园令相如[2]，扬执戟(jǐ)雄[3]。

吴：归命侯[4]，韦太傅弘嗣(sì)[5]。

译文 汉朝：仙人丹丘子，黄山君，文园令司马相如，执戟郎扬雄。

三国时期吴国：归命侯孙皓，太傅韦弘嗣（即韦曜）。

[1] 丹丘子、黄山君：都是汉代道家修仙之人。

[2] 司马文园令相如：指司马相如，西汉著名的辞赋家，被称为"辞宗"。曾任文园令。

[3] 扬执戟雄：指扬雄，西汉著名的辞赋家，著有《方言》《甘泉赋》《河东赋》。曾任执戟郎。

[4] 归命侯：指东吴末代皇帝孙皓。降晋后被封为归命侯。

[5] 韦太傅弘嗣：韦曜，字弘嗣，三国著名的史学家，曾任太子老师，因此称为太傅。

晋：惠帝[1]，刘司空琨[2]，琨兄子兖(yǎn)[3]州刺史演[4]，张黄门孟阳[5]，傅司隶咸[6]，江洗(xiǎn)马统[7]，孙参军楚[8]，左记室太冲[9]，陆吴兴纳[10]，纳兄子会稽内史俶(chù)[11]，谢冠军安石[12]，郭弘农璞(pú)[13]，桓扬州温[14]，杜舍人毓(yù)[15]，武康小山寺释法瑶[16]，沛国夏侯恺(kǎi)[17]，余姚虞洪[18]，北地傅巽(xùn)[19]，丹阳弘君举[20]，乐安任育长[21]，宣城秦精[22]，敦煌单道开[23]，剡县陈务妻[24]，广陵老姥[25]，河内山谦之[26]。

译文 晋朝：晋惠帝司马衷，司空刘琨，刘琨兄长之子兖州（今山东省）刺史刘演，黄门侍郎张孟阳，司隶校尉傅咸，太子洗马江统，参军孙楚，记室左太冲，吴兴太守陆纳，陆纳兄长之子会稽内史陆俶，冠军将军谢安石，弘农太守郭璞，扬州牧桓温，中书舍人杜毓，武康小山寺和尚释法瑶，沛国（今属江苏沛县）的夏侯恺，余姚的虞洪，北地的傅巽，丹阳的弘君举，乐安（今属河南渑池）的任育长，宣城（今属安徽）的秦精，敦煌（今属甘肃敦煌）的单道开，剡县（今属浙江）的陈务之妻，广陵（今江苏扬州）的老姥，河内（今属河南）的山谦之。

---

[1] 惠帝：西晋第二位皇帝，名司马衷（259~307）。

[2] 刘司空琨：刘琨，西晋人，任司空，通音律，善文学，多写边塞。

[3] 兖州：古九州之一，在古黄河与古济水之间。

[4] 刺史演：刘琨之侄刘演，曾任兖州刺史。后文所提《与兄子南兖州刺史演书》，即为刘琨和其侄刘演之间的书信。

〔5〕张黄门孟阳：张载，字孟阳，西晋文学家。史书未记载他有任黄门侍郎一职，其弟张协曾任。后文所提《登成都楼》为其所著。

〔6〕傅司隶咸：傅咸，字长虞，西晋文学家。曾任司隶校尉。后文所提《司隶教》为其所写。教，是一种由上而下的教化类公文。

〔7〕江洗马统：江统，字应元，写《酒诰》提出发酵酿酒法。曾任太子洗马。《百川学海》本中此处写作“江洗马充”，误，据《晋书》改。

〔8〕孙参军楚：孙楚，字子荆，西晋文学家。史称其“才藻卓绝，爽迈不群”，曾任镇东将军石苞参军。

〔9〕左记室太冲：左思，字太冲，西晋著名文学家。作《三都赋》，使得“洛阳纸贵”。曾被任为记室督，未曾就职。后文所提《娇女诗》亦为其所写。

〔10〕陆吴兴纳：陆纳，字祖言，东晋人。曾任吴兴郡太守。

〔11〕会稽内史俶：陆俶，陆纳的侄子。

〔12〕谢冠军安石：谢安，字安石，东晋名士，多才多艺。未曾出任过冠军将军，其侄谢玄，曾进号冠军将军。

〔13〕郭弘农璞：郭璞，字景纯，两晋期间著名文学家、训诂学家、方术士。其曾为《尔雅》《方言》等作注。曾被朝廷追赠为弘农太守。

〔14〕桓扬州温：桓温，字元子，东晋权臣。著有《桓温集》，曾任扬州牧。

〔15〕杜舍人毓：又写为杜育，西晋文学家，与左思、陆机齐名，曾著有《荈赋》。

〔16〕释法瑶：南朝著名僧人，《高僧传》中有其记载。

〔17〕夏侯恺：干宝《搜神记》中所记人物。

〔18〕虞洪：王浮《神异记》中所记人物。

〔19〕傅巽：傅咸祖父，魏文帝时任侍中尚书。后文所提《七诲》为其所著。

〔20〕弘君举：后文所提《食檄》为其所著，今已散佚。

〔21〕乐安任育长：任瞻，字育长，晋人。《百川学海》本此处作“安任育”，脱字，据竹素园本和竟陵本补。

〔22〕秦精：《续搜神记》中所记人物。

〔23〕单道开：东晋僧人，《梁高僧传》中所记人物。

〔24〕陈务妻：《异苑》中所记人物。

〔25〕老姥：《广陵耆老传》中所记人物。

〔26〕山谦之：南朝宋文人，著有《吴兴记》《南徐州记》。

后魏：琅琊王肃[1]。

宋：新安王子鸾[2]（luán），鸾兄豫章王子尚[3]，鲍（bào）昭妹令晖[4]，八公山[5]沙门昙济[6]。

译文 北朝后魏：琅琊（今山东省）的王肃。

南朝宋：新安王刘子鸾，鸾兄豫章王刘子尚，鲍照妹令晖，八公山沙门昙济。

齐：世祖武帝[7]。

梁：刘廷尉[8]，陶先生弘景[9]。

皇朝：徐英公勣[10]（jì）。

译文 南朝齐：世祖武帝。

南朝梁：廷尉卿刘孝绰，陶弘景先生。

唐：英国公徐勣。

〔1〕王肃：字恭懿，东晋丞相王导之后。

〔2〕子鸾：刘子鸾，南朝宋孝武帝之子，被封为新安王。

〔3〕子尚：刘子尚，南朝宋孝武帝之子，刘子鸾的兄长，被封为豫章王。底本原作"弟"所记有误，据改。

〔4〕鲍昭妹令晖：鲍照的妹妹，鲍昭，即鲍照，《茶经》避唐讳改。鲍照是南朝时期著名的文学家，其妹也擅长词赋，著有《香茗赋》，已佚。

〔5〕八公山：安徽省名山，著名文化圣地，《淮南子》的诞生地。

〔6〕昙济：南朝宋名僧。《百川学海》本写为"谭济"，据下文改。

〔7〕世祖武帝：南齐第二个皇帝，萧赜。

〔8〕刘廷尉：刘孝绰，南朝人，曾任太子仆兼廷尉卿。

〔9〕弘景：陶弘景，字通明，南朝人，著名文学家、医药家。著有《本草经注》《二牛图》，后文所提《杂录》为其文学杂文集。

〔10〕徐英公勣：徐勣，唐代人，开国功臣，赐姓李，被封为英国公。

清 金廷标 品泉图

《神农食经》[1]：“茶茗久服，令人有力，悦志。”

译文 《神农食经》中记载：“长期饮茶，让人精力充沛，心情愉悦。”

周公《尔雅》[2]：“槚(jiǎ)，苦荼。”[3]

译文 周公《尔雅》中记载：“槚就是苦茶。”

[1]《神农食经》：传为神农所著，实为西汉儒生托名神农氏所作，早已失传，历代史书艺文志中未见记载。

[2]《尔雅》：中国古代最早的字典，收集了非常丰富的古代词汇。

[3] 苦荼：《百川学海》本写为“苦茶”。

茶的二十种效用

令人少睡	安神除烦	明目
下气	消食	醒酒
去腻减肥	消热解毒	止渴生津
去痰	治痢	疗瘘
利水	通便	祛风解表
坚齿	益气力	清头目
疗饥	养生益寿	

《广雅》[1]云："荆[2]、巴[3]间采叶作饼，叶老者，饼成，以米膏出之。欲煮茗饮，先炙令赤色，捣末置瓷器中，以汤浇覆之，用葱、姜、橘子芼（mào）[4]之。其饮醒酒，令人不眠。"

译文 《广雅》中记载："在荆州（即今湖北西部）和巴州（即今四川东部和重庆）一带，人们采摘鲜茶叶做成茶饼，叶子老的，制作成茶饼后，要沾些米汤助粘定型。想煮茶喝时，先把茶饼炙烤成红色，再捣成碎末放到瓷器里，浇上沸水，浸泡，并用葱、姜、橘子等掺和调味。喝了这样的茶可以醒酒，使人精神充沛，不易入睡。"

[1]《广雅》：三国魏张揖续补《尔雅》的训诂学著作，书名含有增广尔雅之义。

[2] 荆：荆州，即今湖北西部。

[3] 巴：巴州，即今四川东部和重庆。

[4] 芼：拌和。

《晏子春秋》[1]：“婴相齐景公时，食脱粟之饭，炙三弋(yì)[2]、五卵、茗菜而已。”

译文 《晏子春秋》中记载：“晏婴担任齐景公的国相时，吃糙米饭，三、五样烧烤的禽肉、蛋类以及茶和蔬菜。”

司马相如《凡将篇》[3]：“乌喙(huì)[4]、桔梗(jié gěng)[5]、芫(yuán)华[6]、款冬[7]、贝母[8]、木蘖(niè)[9]、蒌(lóu)[10]、芩(qín)草[11]、芍药[12]、桂[13]、漏芦[14]、蜚廉(fēi lián)[15]、雚(huán)菌[16]、荈(chuǎn)诧[17]、白敛[18]、白芷[19]、菖蒲[20]、芒消[21]、莞(guān)椒[22]、茱萸(zhū yú)。”

译文 汉司马相如《凡将篇》记载：“乌喙、桔梗、芫华、款冬、贝母、木蘖、蒌、芩草、芍药、桂、漏芦、蜚廉、雚菌、荈诧、白敛、白芷、菖蒲、芒硝、莞椒、茱萸。”

[1]《晏子春秋》：是记载春秋时期齐国丞相晏婴言行的典籍，根据民间传说和史料编成。

[2] 弋：指禽鸟。底本作“戈”，据《太平御览》改。

[3]《凡将篇》：仅《茶经》中提及，为司马相如所作，他书并无提及。

[4] 喙：乌喙，原名草头乌，又名乌头，属毛茛科附子属，有毒植物。

[5] 桔梗：多年生草本，其根可入药。

[6] 芫华：又作芫花，瑞香科瑞香属。落叶灌木，花蕾可入药。

[7] 款冬：菊科款冬属，花蕾可入药。

[8] 贝母：多年生草本，百合科贝母属，鳞茎可入药。

[9] 木蘖：即黄蘖，芸香科黄蘖属，树皮可入药。

[10] 蒌：指蒌菜，多年生草本，胡椒科，味辛而香。可入药也可做菜。

[11] 芩草：多年生草本，禾本科芦苇属，根可入药。

[12] 芍药：多年生草本，观赏价值高，根和种子可入药。

[13] 桂：木樨科，常绿乔木，其树皮可入药。

[14] 漏芦：多年生草本，菊科漏芦属，其根状茎可入药。

[15] 蜚廉：菊科飞廉属。

[16] 萑菌：芦苇属，其菌属菌蕈科，生东海池泽及渤海章武。

[17] 荈诧：指粗茶。

[18] 白敛：亦作白蔹，葡萄科葡萄属。蔓性草本，其根可入药。

[19] 白芷：伞形科植物，多年生草本，其根可入药。

[20] 菖蒲：天南星科白菖属，多年生草本，其根、茎可入药，也是中国传统文化中驱邪的灵草。

[21] 芒消：即芒硝，一种广泛分布的硫酸盐矿物，可入药，医药上用作泻剂。

[22] 莞椒：一说认为是花椒，一说认为是秦椒。

見愷來收馬。并病其妻。著平上幘。單衣入坐生時西壁大床。就人覓茶飲。

劉琨與兄子南兗州刺史演書云。前得安州乾薑一斤。桂一斤。黄芩一斤。皆所須也。吾體中潰悶。常仰真茶。汝可置之。

傅咸司隸教曰。聞南市有蜀嫗作茶粥賣。為廉事打破其器具。後又賣餅於市。而禁茶粥以困蜀姥。何哉。

神異記。餘姚人虞洪入山採茗。遇一道士。牽三青牛。引洪至瀑布山曰。吾丹丘子也。聞子善具飲。常思見惠。山中有大茗可以相給。祈子他日有甌犧之餘。乞相遺也。因立奠祀。後常令家人入山。獲大茗焉。

茶在中国历史上发生过很多故事，其中「以茶代酒」「以茶待客」「以茶养廉」的故事流传最广。今人可以借由这些故事，一观古人之士族风雅，或饮茶风尚。

方言。蜀西南人謂茶曰蔎。

吳志。韋曜傳。孫皓每饗宴。坐席無不率以七升為限。雖不盡入口。皆澆灌取盡。曜飲酒不過二升。皓初禮異。密賜茶荈以代酒。

晉中興書。陸納為吳興太守時。衛將軍謝安常欲詣納。（晉書云。納為吏部尚書。）納兄子俶怪納無所備。不敢問之。乃私蓄十數人饌。安既至。所設唯茶果而已。俶遂陳盛饌。珍羞必具。及安去。納杖俶四十。云。汝既不能光益叔父。奈何穢吾素業。

晉書。桓溫為揚州牧。性儉。每讌飲。唯下七奠柈茶果而已。

搜神記。夏侯愷因疾死。宗人字苟奴察見鬼神。

《方言》[1]：“蜀西南人谓茶曰蔎(shè)[2]。”

译文 汉扬雄《方言》中记载：“蜀地西南部的人将茶叶叫作蔎。”

《吴志·韦曜传》[3]：“孙皓每飨(xiǎng)[4]宴，坐席无不率以七升[5]为限，虽不尽入口，皆浇灌取尽。曜饮酒不过二升。皓初礼异，密赐茶荈(chuǎn)以代酒。”

译文 《吴志·韦曜传》记载：“孙皓每次设宴待客，规定无论是喝掉还是漏掉，七升的酒要全部见底。韦曜只有二升的酒量，孙皓最初对他有礼相待，暗中赐给他茶来代替酒。”

---

〔1〕《方言》：西汉扬雄的著作，中国第一部汉语方言比较词汇集，重要的训诂学工具书。

〔2〕蔎：《百川学海》本此句“蔎”写为“葭”，据竟陵本改。

〔3〕《吴志·韦曜传》：《吴志》为西晋陈寿所著《三国志》一部分，其中《韦曜传》记录与韦曜相关史事，见119页韦曜条。

〔4〕飨：设宴待客。

〔5〕升：《百川学海》本此句“升”写为“胜”，据照旷阁本改。

《晋中兴书》[1]："陆纳为吴兴太守时，卫将军谢安常欲诣(yì)[2]纳。纳兄子俶(chù)怪纳无所备，不敢问之，乃私蓄十数人馔。安既至，所设唯茶果而已。俶遂陈盛馔(zhuàn)[3]，珍羞必具。及安去，纳杖俶四十，云：'汝既不能光益叔父，奈何秽吾素业？'"

译文 《晋中兴书》中记载："陆纳任吴兴太守时，卫将军谢安曾经想去拜访他（据《晋书》记载，陆纳任吏部尚书）。陆纳的侄子陆俶奇怪他没有准备饮食，但是又不敢去问他，就私下准备了十多人吃的饭菜。谢安来到之后，陆纳仅仅用茶和果品招待谢安。于是，陆俶就摆上了丰盛的筵席，各种美味菜肴都有。等到谢安离开之后，陆纳打了陆俶四十板子，说：'你既然不能给你叔父增光，为什么还要来破坏我廉洁的名誉呢？'"

[1]《晋中兴书》：南朝宋何法盛著，今已散佚。

[2] 诣：造访。

[3] 馔：饮食。

《晋书》[1]："桓温为扬州牧，性俭，每宴饮，唯下七奠拌[2]茶果而已。"

译文 《晋书》中记载："桓温任扬州牧时，由于生性节俭，每次宴会只有七碟茶果而已。"

《搜神记》[3]："夏侯恺(kǎi)因疾死。宗人字苟奴察见鬼神。见恺来收马，并病其妻。着平上帻(zé)[4]，单衣，入坐生时西壁大床，就人觅茶饮。"

译文 《搜神记》中记载："夏侯恺因病去世，他的同族有一个叫苟奴的，能看到鬼魂，他看到夏侯恺来收取马匹，并使他的妻子也得了病。还看到夏侯恺裹着往常的发巾，穿着单衣，坐在生前常坐的西墙边的大床上，向人要茶喝。"

---

〔1〕《晋书》：唐房玄龄等人修撰，中国二十四史之一，纪传体史书。

〔2〕奠拌：奠，同"飣"，指盛贮食物盘碗数目的量词。拌，通"盘"。

〔3〕《搜神记》：东晋干宝著，记录古代民间传说中神奇怪异故事的小说集。

〔4〕帻：古代男子戴的一种巾帽。

刘琨《与兄子南兖州刺史演书》[1]云："前得安州干姜一斤，桂一斤，黄芩一斤，皆所须也。吾体中溃闷，常仰真茶，汝可置之。"

译文 刘琨在《与兄子南兖州刺史演书》说："先前收到你寄来的安州干姜一斤、桂一斤、黄芩一斤，这些都正是我需要的。我感到昏乱气闷时，常常靠喝好茶排解，你可以再购买一些给我。"

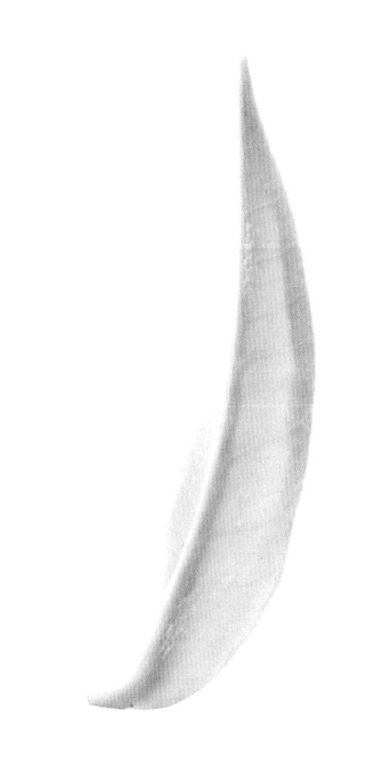

傅咸《司隶教》[2]曰："闻南市[3]有蜀妪(yù)[4]作茶粥卖，为廉事[5]打破其器具，后[6]又卖饼于市。而禁茶粥以困[7]蜀姥，何哉？"

译文 傅咸在《司隶教》中说："我听说南市有一位蜀地老妇在市集上卖茶粥，但是廉事打破了她用的器具，后来她又在市场上卖饼。为什么要为难蜀地老妇，禁止她卖茶粥呢？"

[1]《与兄子南兖州刺史演书》：见前刘琨条。

[2]《司隶教》：见121页傅司隶咸条。

[3] 南市：指洛阳的南市。《百川学海》本为"南方"，据《北堂书抄》《太平御览》改。

[4]《百川学海》本此句为"有以困蜀妪"，多"以困"二字。

[5] 廉事：不详，推断为管理市场的官员。廉，底本作"簾"，据《太平御览》改。

[6]《百川学海》本此句"后"缺失，据秋水斋本补。

[7]《百川学海》本此句"困"缺失，据长编本补。

《神异记》[1]："余姚人虞洪入山采茗，遇一道士，牵三青牛，引洪至瀑布山曰：'吾[2]，丹丘子也。闻子善具饮，常思见惠。山中有大茗[3]可以相给。祈子他日有瓯（ōu）牺（xī）之余[4]，乞相遗也。'因立奠祀，后常令家人入山，获大茗焉。"

译文 《神异记》中记载："余姚人虞洪上山采茶，遇见了一位道士，牵着一头三青色的牛。他把虞洪引到瀑布山，对他说：'我是丹丘子，听说你善于煮茶，经常想着能否喝上你煮的茶。这山里有大茶树，可以任你采摘。希望你日后有多余的茶，请给我一些。'于是，虞洪就用茶来祭祀丹丘子，后来常常叫家人进山，果然找到了大茶树。"

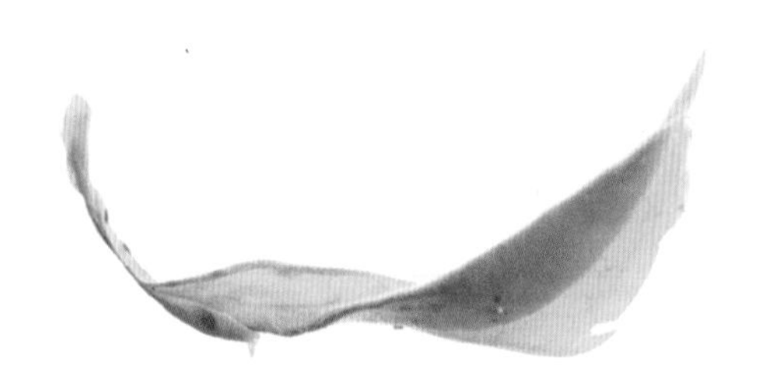

---

〔1〕《神异记》：晋代王浮著，中国神话志怪小说集，今已散佚。

〔2〕吾：底本作"工"，据日本本改。

〔3〕大茗：大茶树，一作大叶茶。

〔4〕瓯牺之余：指喝不完的茶。

宋 刘松年 — 撵茶图

終。應下諸蔗。木瓜。元李。楊梅。五味。橄欖。懸豹。葵羹各一杯。

孫楚歌。茱萸出芳樹顛。鯉魚出洛水泉。白鹽出河東。美豉出魯淵。薑桂。茶荈出巴蜀。椒。橘。木蘭出高山。蓼蘇出溝渠。精稗出中田。

華佗食論。苦茶久食。益意思。

壺居士食忌。苦茶久食羽化。與韭同食。令人體重。郭璞爾雅注云。樹小似梔子。冬生。葉可煮羹飲。今呼早取為茶。晚取為茗。或一曰荈。蜀人名之苦茶。

世說。任瞻。字育長。少時有令名。自過江失志。既下飲。問人云。此為茶。為茗。覺人有怪色。乃自申明云。向問飲為熱為冷。

古法今观

古人有八大雅事：琴棋书画诗酒花茶。茶作为雅事之一，文人墨客又怎会不作诗唱诵？除了此节所提的左思等人的诗歌，有关茶的诗歌古往今来不胜枚举，陆羽还留存有一首《六美歌》，赞美茶之美好。

左思嬌女詩。吾家有嬌女。皎皎頗白皙。小字爲紈素。口齒自清歷。有姊字惠芳。眉目粲如畫。馳騖翔園林。果下皆生摘。貪華風雨中。倏忽數百適。心爲茶荈劇。吹噓對鼎鑑。

張孟陽登成都樓詩云。借問揚子舍。想見長卿廬。程卓累千金。驕侈擬五侯。門有連騎客。翠帶腰吴鈎。鼎食隨時進。百和妙且殊。披林採秋橘。臨江釣春魚。黑子過龍醢。果饌踰蟹蝑。芳茶冠六清。溢味播九區。人生苟安樂。兹土聊可娱。

傅巽七誨。蒲桃宛柰。齊柿燕栗。峘陽黄梨。巫山朱橘。南中茶子。西極石蜜。

弘君舉食檄。寒温既畢。應下霜華之茗。三爵而

左思《娇女诗》[1]：“吾家有娇女，皎皎颇白皙。小字为纨(wán)[2]素，口齿自清历。有姊字(zǐ)惠芳，眉目粲如画。驰骛(wù)[3]翔园林，果下皆生摘。贪华风雨中，倏(shu)[4]忽数百适。心为茶荈(chuǎn)剧[5]，吹嘘对鼎锧(lì)。”

译文 西晋左思作《娇女诗》，写道：吾家有娇女，皎皎颇白皙。小字为纨素，口齿自清历。有姊字惠芳，眉目粲如画。驰骛翔园林，果下皆生摘。贪华风雨中，倏忽数百适。心为茶荈剧，吹嘘对鼎锧。

〔1〕《娇女诗》：左思所著，描写其天真顽皮的两个小女儿。原诗28句，《茶经》仅为节录。

〔2〕纨：一种丝织品。

〔3〕驰骛：奔走的样子。这里形容蹦蹦跳跳的样子。

〔4〕倏：顷刻。

〔5〕心为茶荈剧：此句有多种版本，有的写为“止为茶荈剧”，有的写为“心为茶菽剧”。

张孟阳《登成都楼》[1]诗云：“借问扬子[2]舍，想见长卿[3]庐。程卓[4]累千金，骄侈拟五侯[5]。门有连骑客，翠带腰吴钩[6]。鼎食随时进，百和妙且殊。披林采秋橘，临江钓春鱼。黑子过龙醢(hǎi)[7]，果馔(zhuàn)逾蟹蝑(xū)[8]。芳茶冠六清[9]，溢味播九区[10]。人生苟安乐，兹土聊可娱。”

译文 张孟阳作《登成都楼》，其诗为：“借问扬子舍，想见长卿庐。程卓累千金，骄侈拟五侯。门有连骑客，翠带腰吴钩。鼎食随时进，百和妙且殊。披林采秋橘，临江钓春鱼。黑子过龙醢，果馔逾蟹蝑。芳茶冠六清，溢味播九区。人生苟安乐，兹土聊可娱。”

[1]《登成都楼》：成都楼，指成都白菟楼，原诗32句，《茶经》仅为节录。

[2] 扬子：扬子指扬雄，字子云，西汉文学者、哲学家、语言学家。

[3] 长卿：司马相如表字。

[4] 程卓：指汉代程郑和卓王孙两大富豪之家。

[5] 五侯：公、侯、伯、子、男五等爵，后以泛称权贵之家。

[6] 吴钩：吴越之地出产的刀剑，刃稍弯。极锋利，享誉全国。

[7] 醢：肉酱。

[8] 蝑：蟹酱。

[9] 六清：六种饮料，水、浆、醴、醇、醫、酏。底本作“六情”，系传写之误。

[10] 九区：即九州，四海之内，指全国。

傅巽《七诲》[1]："蒲[2]桃宛[3]柰[4]，齐[5]柿燕[6]栗，峘阳[7]黄梨，巫山[8]朱橘，南中[9]荼子，西极石蜜[10]。"

（xùn：巽；yuān：宛；nài：柰；huán：峘）

译文 傅巽《七诲》中记载了八种珍贵物品："蒲地的桃子，宛地的柰，齐地的柿子，燕地的板栗，峘阳的黄梨，巫山的红橘，南中的茶子，天竺的石蜜。"

---

〔1〕《七诲》：此处"七"为一种文体，赋的体裁之一。

〔2〕蒲：蒲地，今山西一带。

〔3〕宛：宛地，西域国，在今中亚费尔干纳盆地。

〔4〕柰：俗名花红，亦名沙果，果味似苹果。

〔5〕齐：齐地，今山东一带。

〔6〕燕：燕地，今北京市和河北省部分地区。

〔7〕峘阳：今河北曲阳县。

〔8〕巫山：今重庆巫山。

〔9〕南中：今云南及周边地区。

〔10〕西极石蜜：西极，指西域或天竺；石蜜，用甘蔗榨糖，成块者即为石蜜。一说是野蜂蜜，采于石壁或石洞。

弘君举《食檄（xí）》[1]："寒温既毕，应下霜华之茗，三[2]爵而终，应下诸蔗、木瓜、元李、杨梅、五味、橄榄、悬豹[3]、葵羹各一杯[4]。"

译文　弘君举《食檄》说："客来寒暄之后，先请客人喝沫白如霜的好茶。几杯之后，再敬以甘蔗、木瓜、元李、杨梅、五味、橄榄、悬豹、葵羹各一盘。"

[1]《食檄》：古代记录食谱的书籍，今已散佚。檄，是古代用来征召、声讨的文书。

[2] 三：为虚数，泛指其多。

[3] 悬豹：吴觉农认为此为"悬钩"之误，是山莓的别称。

[4] 杯：盘盎盆盏的总称。

孙楚《歌》[1]：“茱萸出芳树颠，鲤鱼出洛水泉。白盐出河东[2]，美豉(chǐ)[3]出鲁渊[4]。姜、桂、茶荈(chuǎn)出巴蜀，椒、橘、木兰出高山。蓼(liǎo)苏[5]出沟渠，精稗(bài)[6]出中田。”

译文 孙楚《歌》中记载：“茱萸生长在佳木之颠，鲤鱼出自洛水泉。食盐出自河东，美豉出自鲁地附近。姜、桂、茶出自巴蜀，椒、橘、木兰出自高山。蓼苏出自沟渠，精米出自田里。”

〔1〕孙楚《歌》：孙楚，字子荆，西晋文学家。作《歌》最早记载了茶歌，今已散佚。

〔2〕河东：今山西西南。

〔3〕美豉：一种调味品。豉，音尺，用黑豆或黄豆为原料发酵而成的食品。

〔4〕鲁渊：鲁，今山东曲阜；渊，湖泽，鲁地多湖泽。

〔5〕蓼苏：蓼，一种草本植物，可调味、入药；苏，指紫苏，一种草本植物。

〔6〕精稗：精米。稗，通“粺”。

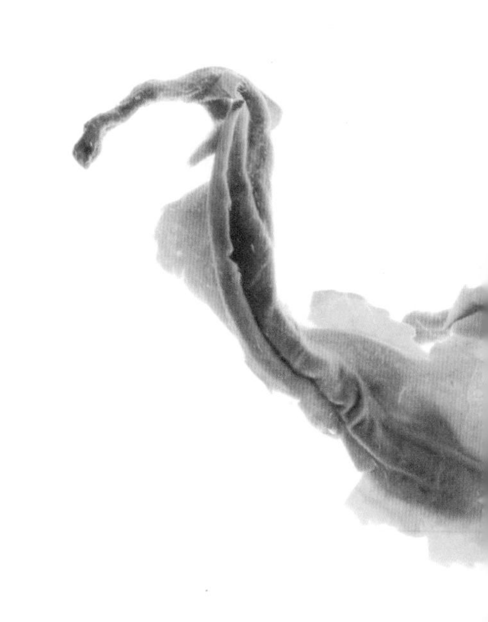

华佗《食论》[1]：“苦茶久食，益意思。”

译文 华佗《食论》中记载：“长期饮茶，有助于思维能力。”

壶居士《食忌》[2]：“苦茶久食，羽化。与韭同食，令人体重。”

译文 壶居士《食忌》中记载：“长期饮茶，使人飘飘欲仙；和韭菜一起食用，则会使人肢体沉重。”

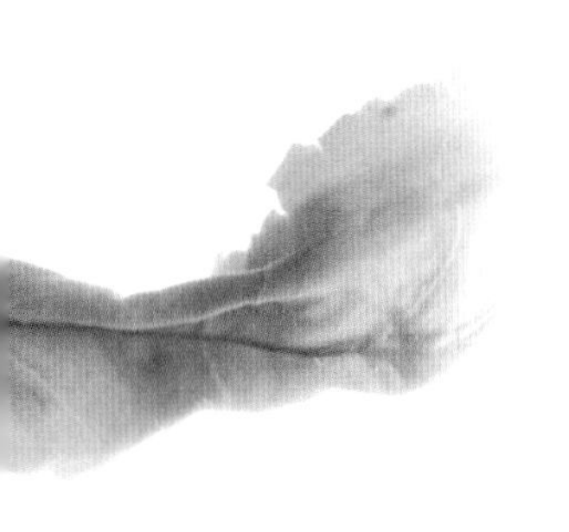

[1] 华佗《食论》：今已散佚。华佗为东汉末年著名医师。

[2] 壶居士《食忌》：今已散佚。壶居士，《后汉书·方术列传》中曾有记载，东汉时期传说中的神仙。

郭璞《尔雅注》[1]云："树小似栀子，冬生，叶可煮羹饮。今呼早取为荼[2]，晚取为茗，或一曰荈(chuǎn)，蜀人名之苦荼。"

译文 郭璞《尔雅注》中记载："茶树矮小如栀子，冬天不掉叶子，叶子可以煮作羹饮。现在，人们把早采的叶子叫'荼'，晚采的叫'茗'，或叫'荈'，蜀地的人则称它为'苦荼'。

《世说》[3]："任瞻，字育长，少时有令名[4]，自过江失志。既下饮，问人云：'此为荼？为茗？'觉人有怪色，乃自申[5]明云：'向问饮为热为冷。'"

译文 《世说》中记载："任瞻，字育长，年少时便有美名，但过江之后就很不得志。一次他去做客时主人倒好茶后，他问道：'这是荼，还是茗？'，看到旁边的人一副不理解的表情，他就自己解释说：'刚才我问茶是热的还是冷的'"。

---

[1]《尔雅注》：见121页郭璞条。

[2] 荼：《百川学海》本写作"苦荼"，据《尔雅注》原文改。下文"蜀人名之苦荼"之"荼"同。

[3]《世说》：亦称《世说新语》，南朝宋刘义庆等人著。记载了东汉后期到南北朝时期名士言行、故事。

[4] 令名：好的名声。

[5] 申：原作"分"，据《世说新语》改。

茶的不同称呼

出自《开元文字音译》，《茶经》之后，大行于世。

茶

出自《诗经》，《茶经》前，与“茶”并行很久。

荈

出自《凡将篇》，古人常以此指代茶。

槚

出自《尔雅》，是对茶最早的文献记载。

茗

出自《晏子春秋》，至今仍将茗作为茶的雅称。

蔎

出自扬雄《方言》，四川西南部人对茶的称呼。

往市鬻之。市人競買。自旦至夕。其器不減。所得錢散路傍孤貧乞人。人或異之。州法曹縶之獄中。至夜。老姥執所鬻茗器。從獄牖中飛出。

藝術傳。燉煌人單道開。不畏寒暑。常服小石子。所服藥有松桂蜜之氣。所飲茶蘇而已。釋道悅續名僧傳。宋釋法瑶。姓楊氏。河東人。元嘉中過江。遇沈臺真。請居武康小山寺。年垂懸車。飯所飲茶。大明中。敕吳興禮致上京。年七十九。

宋江氏家傳。江統。字應元。遷愍懷太子洗馬。常上疏諫云。今西園賣醯麪藍子菜茶之屬。虧敗國體。

宋錄。新安王子鸞。豫章王子尚詣曇濟道人於八公山道人設茶茗。子尚味之曰。此甘露也。何言茶茗。

古法今观

从茶的很多传奇故事中，不难看出茶与儒释道的关系颇深。故事中有僧人，有道士，有身怀异术的奇人。故事里的茶，可以除病，也可以让人长寿。这些都是古代人们对于茶最本初的认识。

續搜神記。晉武帝世。宣城人秦精。常入武昌山採茗。遇一毛人。長丈餘。引精至山下。示以叢茗而去。俄而復還。乃探懷中橘以遺精。精怖。負茗而歸。

晉四王起事。惠帝蒙塵。還洛陽。黄門以瓦盂盛茶上至尊。

異苑。剡縣陳務妻。少與二子寡居。好飲茶茗。以宅中有古塚。每飲輒先祀之。二子患之曰。古塚何知。徒以勞意。欲掘去之。母苦禁而止。其夜。夢一人云。吾止此塚三百餘年。卿二子恒欲見毁。賴相保護。又享吾佳茗。雖潛壤朽骨。豈忘翳桑之報。及曉。於庭中獲錢十萬。似久埋者。但貫新耳。母告二子。慙之。從是禱饋愈甚。

廣陵耆老傳。晉元帝時。有老姥每旦獨提一器茗。

《续搜神记》[1]：“晋武帝世[2]，宣城人秦精，常入武昌山采茗。遇一毛人，长丈余，引精至山下，示以丛茗而去。俄而复还，乃探怀中橘以遗精。精怖，负茗而归。”

译文 《续搜神记》中记载：“晋武帝时，宣城（今安徽省宣城市）人秦精常到武昌山采茶。有一次，他遇到一个身高一丈多的毛人，引他到山下，把一丛丛茶树指给他看，然后就离开了。过了一会儿，毛人又回来，从怀中掏出橘子送给秦精。秦精感到害怕，就背着茶叶回家了。”

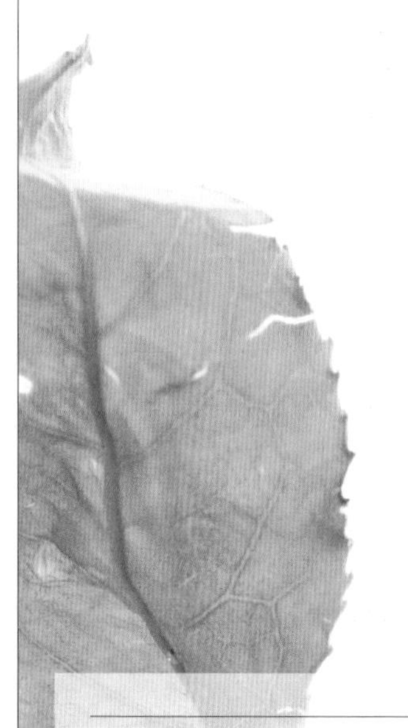

《晋四王起事》[3]：“惠帝蒙尘，还洛阳，黄门以瓦盂盛茶上至尊。”

译文 《晋四王起事》记载：惠帝逃难到外面，后来回到洛阳，黄门用瓦盂盛茶献给惠帝。

[1]《续搜神记》：亦称《搜神后记》，为《搜神记》的后续，与《搜神记》风格相似，但故事不同。

[2] 世：原脱，据《太平御览》补。

[3]《晋四王起事》：亦称《晋四王遗事》，东晋卢綝著。今已散佚。惠帝见前条。

清

边寿民——茶具图

《异苑》[1]：“剡（shàn）县陈务妻，少与二子寡居，好饮茶茗。以宅中有古冢，每饮辄先祀之。二子患之曰：‘古冢何知，徒以劳意。’欲掘去之。母苦禁而止。”

译文 《异苑》中记载：“剡县人陈务的妻子，年轻守寡，和两个儿子住在一起。她很喜欢喝茶。在其住处有一个古墓，每次她喝茶时，总是先用茶祭祀。两个儿子很不喜欢她这样做，说：‘古墓能知道什么，这么做只是白费力气！’想要把古墓挖掉。因母亲苦苦劝阻，这才作罢。”

---

〔1〕《异苑》：南朝宋刘敬叔著，志怪小说集。

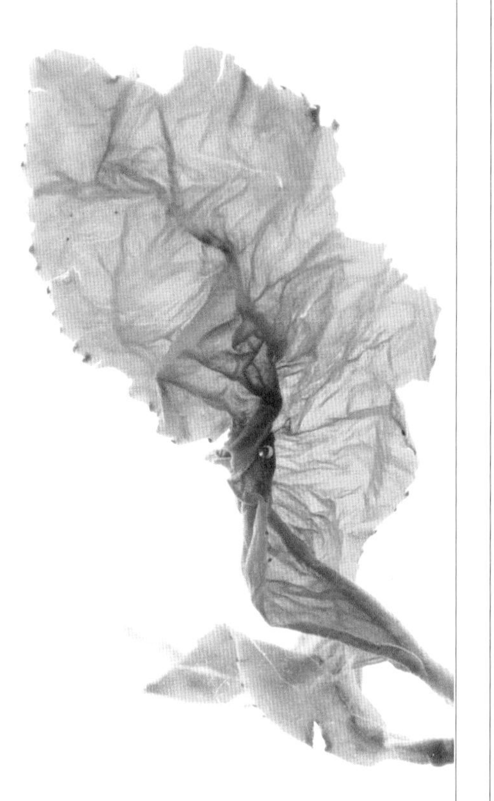

“其夜，梦一人云：‘吾止此冢三百余年，卿二子恒欲见毁，赖相保护，又享吾佳茗，虽潜壤朽骨，岂忘翳(yì)桑之报[1]’。”

译文 “这天夜里她梦见一个人说：‘我住在这个墓里已经三百多年了，你的两个儿子总是想要毁掉它，多亏你保护，又让我享受到你的好茶。我虽然是地下一堆枯骨，但是怎么能忘恩不报呢？’”

“及晓，于庭中获钱十万，似久埋者，但贯新耳。母告二子，惭之，从是祷馈愈甚。”

译文 “天亮后，她在院子里发现了十万铜钱，像是埋了很久，但穿钱的绳子是新的。母亲把这事告诉了儿子们，他们都很羞愧。从此，他们祭奠得更虔诚了。”

〔1〕翳桑之报：翳桑，古地名。春秋时晋赵盾曾在翳桑救了将要饿死的灵辄。后来晋灵公欲杀赵盾，灵辄倒戈相保，救出赵盾。后世称此事为“翳桑之报”。

《广陵耆老传》[1]：“晋元帝时，有老姥每旦独提一器茗，往市鬻[2]之，市人竞买。自旦至夕，其器不减。所得钱散路傍孤贫乞人。”

译文 《广陵耆老传》中记载：“晋元帝时，有个老妇人，每天早晨独自提着一个盛茶的器具到市上卖茶。市场上的人争着购买，从早到晚，那器皿里的茶却始终不见减少。她把赚来的钱都给了路旁的孤儿、穷人和乞丐。”

“人或异之，州法曹絷[3]之狱中。至夜，老姥执所鬻茗器，从狱牖[4]中飞出。”

译文 “人们都感到很奇怪，州官便将她抓起来关到监狱里。到了晚上，老妇人手拿卖茶的器皿，从监狱的窗口飞越而出。”

[1]《广陵耆老传》：作者和年代均不详，已佚。广陵，即今江苏扬州。

[2] 鬻：卖。

[3] 絷：捆，拴，引申为拘捕。

[4] 牖：窗子。

明 文徵明 浒溪草堂图（局部）

《艺术传》[1]："敦煌人单道开，不畏寒暑，常服小石子。所服药有松、桂、蜜之气，所饮[2]茶苏[3]而已。"

译文 《艺术传》中记载："敦煌人单道开，不怕冷也不怕热，常服丹药。所服的药有松脂、肉桂、蜂蜜的香气，除此之外只饮茶和紫苏而已。"

释道悦《续名僧传》[4]："宋释法瑶，姓杨氏，河东人。元嘉[5]中过江，遇沈台真，请居武康[6]小山寺，年垂悬车[7]，饭所饮茶。大明[8]中，敕(chì)[9]吴兴礼致上京，年七十九。"

译文 释道悦《续名僧传》中记载："南朝宋时僧人法瑶，本姓杨，河东人。晋元嘉年间到江南，遇见沈台真，沈台真便请他到武康的小山寺住下。法瑶年事已高，像吃饭一样喝茶。到了大明年间，皇上传旨吴兴官吏以大礼请法瑶进京，那时他已经七十九岁了。"

---

〔1〕《艺术传》：指房玄龄等人所著《晋书·艺术列传》。

〔2〕饮：原作"余"，据《晋书》改。

〔3〕茶苏：亦作"荼苏"，用茶和紫苏做成的饮料，一说是"屠苏酒"。

〔4〕《续名僧传》：所指不详，《新唐书·艺文志》中记载有《高僧传》《续高僧传》，疑与此类相同。《百川学海》本此句为"释道该说《续名僧传》"，"该"字当为衍字，"说"通"悦"。

〔5〕元嘉：底本作"永嘉"，按永嘉为晋怀帝年号（307—312），与前文所说南朝"宋"不符，且与后文不合。当为南朝宋文帝元嘉时（424—453），今据改。

〔6〕武康：今浙江德清。

〔7〕悬车：年老。

〔8〕大明：《百川学海》本写作"永明"，误，据《梁高僧传》改。指的是南朝宋大明年间（457—464）。

〔9〕敕：皇帝的诏令。

宋《江氏家传》[1]："江统，字应元[2]，迁愍(mǐn)怀太子洗马。常上疏谏云：'今西园卖醯(xī)[3]、面、蓝[4]子、菜、茶之属，亏败国体。'"

译文 南朝宋《江氏家传》中记载："江统，字应元。任愍怀太子洗马时，曾上书规劝说：'现在在西园卖醋、面、泡菜、菜、茶叶等东西，有损国家体面。'"

《宋录》[5]："新安王子鸾、豫章王子尚诣昙济道人于八公山，道人设茶茗。子尚味之曰：'此甘露也，何言茶茗？'"

译文 《宋录》中记载："南朝宋的新安王刘子鸾和他哥哥豫章王刘子尚，一同到八公山拜访昙济道人。道人以茶招待，子尚品尝后说：'这是甘露啊，怎么说是茶呢？'"

[1]《江氏家传》：南朝宋江饶著，今已散佚。

[2] 元：原脱，据《晋书》补。

[3] 醯：醋。

[4] 蓝：瓜苴，即泡菜。

[5]《宋录》：相传为南朝齐王智深所著。

後魏録。瑯琊王肅仕南朝。好茗飲。蓴羹。及還北地。又好羊肉。酪漿。人或問之。茗何如酪。肅曰。茗不堪與酪為奴。

桐君録。西陽武昌。廬江。晋陵好茗。皆東人作清茗。茗有餑。飲之宜人。凡可飲之物。皆多取其葉。天門冬。拔揳取根。皆益人。又巴東别有真茗茶。煎飲令人不眠。俗中多煑檀葉幷大皁李作茶。並冷。又南方有瓜蘆木。亦似茗。至苦澁。取為屑茶飲。亦可通夜不眠。煑鹽人但資此飲。而交。廣㝡重。客来先設乃加以香芼輩。

古法今观

中国自古是礼仪之邦，以茶为礼，也反映了茶之于国人的重要性。茶洁净、无荤腥，可以用来敬神、祭祖。还可以用作婚庆喜事，我国许多地方都以茶作为聘礼之一。用茶待客送礼，早在南北朝时期就已出现。总的说来，中国茶礼仪所表达的精神主要是秩序、仁爱、敬意与友谊。

七之事

王微雜詩：寂寂掩高閣，寥寥空廣厦。待君竟不歸，收領今就檟。

鮑昭妹令暉著香茗賦。

南齊世祖武皇帝遺詔：我靈座上慎勿以牲為祭，但設餅果、茶飲、乾飯、酒脯而已。

梁劉孝綽謝晉安王餉米等啓：傳詔李孟孫宣教旨，垂賜米、酒、瓜、筍、菹、脯、酢、茗八種。氣苾新城，味芳雲松。江潭抽節，邁昌荇之珍。壃場擢翹，越葺精之美。羞非純束野麏，裛似雪之驢。鮓異陶瓶河鯉，操如瓊之粲。茗同食粲，酢類望柑。免千里宿舂，省三月糧聚。小人懷惠，大懿難忘。

陶弘景雜録：苦茶輕身换骨，昔丹丘子、黄山君服之。

王微《杂诗》[1]："寂寂掩高阁，寥寥空广厦。待君竟不归，收领今就檟(jiǎ)。"

译文 王微作《杂诗》，其诗为："寂寂掩高阁，寥寥空广厦。待君竟不归，收领今就檟。"

鲍昭妹令晖著《香茗赋》[2]。

译文 鲍照的妹妹令晖写了篇《香茗赋》。

南齐世祖武皇帝[3]遗诏："我灵座上慎勿以牲为祭，但设饼果、茶饮、干饭、酒脯而已。"

译文 南朝齐世祖武皇帝在遗诏中说："我死后，灵位上千万不要用牲畜来祭奠我，只要供上糕饼、水果、茶、饭、酒和果脯就可以了。"

---

〔1〕王微《杂诗》：王微，南朝宋诗人，作《杂诗》，今存两首。

〔2〕《香茗赋》：见122页令晖条。

〔3〕世祖武皇帝：见122页世祖武皇帝条。

(元) 钱选 卢仝烹茶图

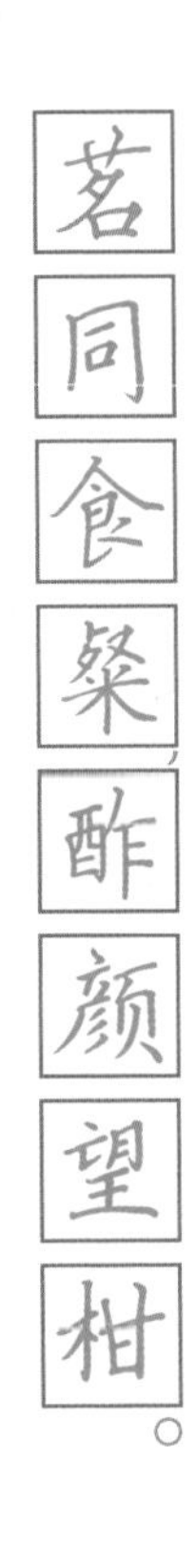

梁刘孝绰(chuò)《谢晋安王饷米等启》[1]："传诏李孟孙宣教旨，垂赐米、酒、瓜、笋、菹(zū)[2]、脯、酢(cù)[3]、茗八种。"

译文 南朝梁刘孝绰《谢晋安王饷米等启》说："传诏李孟孙传达了您的旨意，承蒙您赠米、酒、瓜、竹笋、腌菜、肉干、醋、茗八种东西。"

[1] 梁刘孝绰《谢晋安王饷米等启》：此为刘孝绰答谢晋安王萧纲（后为简文帝）的回呈。

[2] 菹：腌菜。

[3] 酢：调味用的酸味液体。这里指醋。

“气苾(bì)[1]新城，味芳云松。江潭抽节，迈昌荇(xìng)[2]之珍；疆埸(yì)擢(zhuó)[3]翘，越茸精[4]之美。羞非纯(tún)束野麏(jūn)[5]，裛(yì)似雪之驴[6]。鲊(zhǎ)[7]异陶瓶河鲤，操如琼之粲(càn)。茗同食粲[8]，酢(cù)类[9]望柑[10]。免千里宿舂，省三月粮[11]聚。小人怀惠，大懿(yì)[12]难忘。”

译文 “米气味芳香，像新城米一样；酒味飘香，可媲美云松村出产的酒。抽节的竹笋，超过了菖、荇之类的珍馐；田园里摘来的瓜，比鹿茸和黄精还要好。肉干虽不是白茅捆束的獐鹿肉，却也是精心包扎的白驴肉；鲊菜虽不是陶侃坛中的腌鱼，却也是如琼玉一般精致的美食。茶和大米一样好，醋的口感宛如看到柑橘（口里感到酸味）一样。有了这些，即便要出门远行，也不必再准备粮食。我感念您的惠赐，您的大德我是不会忘记的。”

[1] 苾：香浓。

[2] 昌荇：昌同菖，菖蒲；荇，荇菜，水草名。

[3] 擢：拔、抽。

[4] 茸精：茸即鹿茸，或一种草；精，黄精。

[5] 纯束野麏：纯，通“屯”，积聚，一说为“稛”的假借；麏，同“麇”，獐子。

[6] 裛似雪之驴：裛，缠裹；似雪之驴一作“似雪之鲈”。

[7] 鲊：一种用盐和曲腌制的鱼。

[8] 粲：古代上等的米。

[9] 类：原作“颜”，据秋水斋本改。

[10] 柑：原作“楫”，据秋水斋本改。

[11] 粮：原作“种”，据竹素园本改。“免千”二句指晋安王赐的食物很多，够吃好几个月，免去自己筹集之苦。典出《庄子·逍遥游》：“适百里者，宿舂粮，适千里者，三月聚粮。”

[12] 懿：美德。

茗不堪与酪为奴。

陶弘景《杂录》[1]："苦茶轻身换骨[2]，昔丹丘子、黄[3]山君服之。"

译文 陶弘景的《杂录》说："喝茶能让人轻身换骨，以前丹丘子、黄山君都饮用它。"

《后魏录》[4]："琅琊王肃仕南朝，好茗饮、莼(chún)[5]羹。及还北地，又好羊肉、酪(lào)[6]浆。人或问之：'茗何如酪？'肃曰：'茗不堪与酪为奴。'"

译文 《后魏录》中记载："琅琊人王肃在南朝做官时，喜欢饮茶和喝莼菜羹。回到北方后又喜欢吃羊肉和奶酪。有人问他：'茶和奶酪比，怎么样？'王肃回答说：'茶甚至不配给奶酪做奴仆。'"

---

[1]《杂录》：见前陶弘景条。

[2]轻身换骨：身，原脱，据长编本补；骨，原作"膏"，据仪鸿堂楼本改。

[3]黄：原作"責"，据《太平御览》改。

[4]《后魏录》：所指不详。

[5]莼：莼菜。

[6]酪：奶酪。

《桐君录》[1]:“西阳[2]、武昌[3]、庐江[4]、晋陵[5]好茗,皆东人作清茗。茗有饽(bō),饮之宜人。凡可饮之物,皆多取其叶。天门冬[6]、拔揳(qiā)[7]取根,皆益人。

译文 《桐君录》中记载:“西阳、武昌、庐江、晋陵等地人都喜欢饮茶,客来,主人都用清茶招待。茶的沫饽,喝了对人有好处。凡是可饮用的植物,大都采用它们的叶子,但天门冬、拔葜却是用其根,喝了对人也有好处。

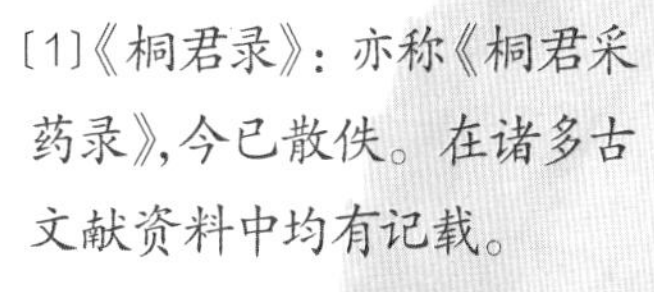

〔1〕《桐君录》:亦称《桐君采药录》,今已散佚。在诸多古文献资料中均有记载。

〔2〕西阳:今湖北黄冈。

〔3〕武昌:今湖北省鄂州。

〔4〕庐江:今安徽合肥。

〔5〕晋陵:原作“昔陵”,据《太平御览》改。今江苏常州一带。

〔6〕天门冬:多年生草本,可药用。

〔7〕拔揳:亦作菝葜,别名金刚骨、铁菱角,属百合科,多年生草本植物,根状茎可药用,能止渴、治痢。

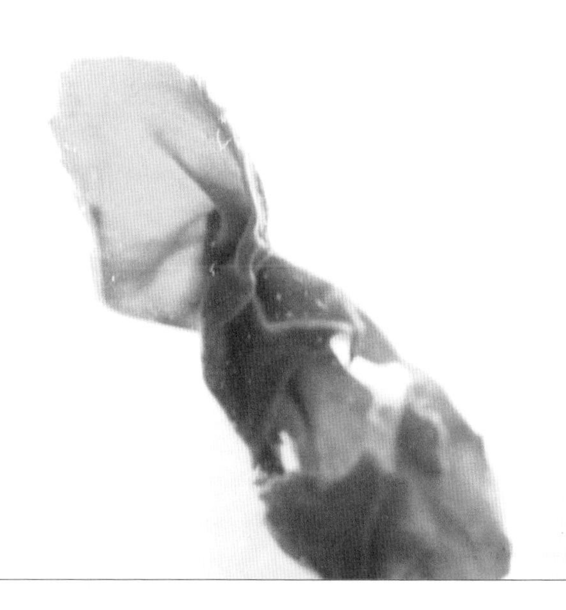

又巴东别[1]有真茗茶，煎饮令人不眠。俗中多煮檀叶并大皂李[2]作茶，并冷[3]。又南方有瓜芦木，亦似茗，至苦涩，取为屑茶饮，亦可通夜不眠。煮盐人但资此饮，而交、广[4]最重，客来先设，乃加以香芼（mào）辈[5]。"

译文 另外，巴东有上好的茗茶，煮饮后能使人无法入睡。在当地风俗中，人们把檀叶和大皂李叶煮来当茶饮，共同的特点都是味苦、性寒凉。另外，南方有瓜芦树，很像茶，味道非常苦涩，将它磨成细末后煮饮，也可以一夜不眠。煮盐的人都靠这种饮料提神，交州和广州一带的人尤其爱喝，每逢客来，总是先用它招待，一般都要加入些香料调制。"

[1] 别：另外。该含义在古书中常用"别"字来表示。

[2] 大皂李：即皂荚，其果、刺、子皆入药。

[3] 冷：寒凉。

[4] 交、广：交州与广州，包括今广东、广西及越南北部一带。

[5] 香芼辈：各种香草作料。

明 仇英——试茗图

山陵道傍凌冬不死。三月三日採。乾。注云。疑此即是今茶。一名茶。令人不眠。

本草注。按詩云。誰謂荼苦。又云菫荼如飴。皆苦菜也。陶謂之苦茶。木類。非菜流。茗。春採。謂之苦搽。途遐反

枕中方。療積年瘻。苦茶。蜈蚣並炙。令香熟。等分。搗篩。煮甘草湯洗。以末傅之。

孺子方。療小兒無故驚蹶。以苦茶。葱鬚煮服之。

古法今观

茶最早是作为一味药物来使用的。历代医书、古籍中都记载了茶的药用价值，其药效广泛被古人称为「万病之药」。古人对茶叶的功效总结了有十余种，今人在分析其成分的基础上又有所增加。

坤元録。辰州溆浦縣西北三百五十里無射山。云蠻俗當吉慶之時。親族集會歌舞於山上。山多茶樹。

括地圖。臨蒸縣東一百四十里有茶溪。

山謙之吳興記。烏程縣西二十里。有温山。出御荈。

夷陵圖經。黄牛。荆門。女觀。望州等山。茶茗出焉。

永嘉圖經。永嘉縣東三百里有白茶山。

淮陰圖經。山陽縣南二十里有茶坡。

茶陵圖經云。茶陵者。所謂陵谷生茶茗焉。

本草木部。茗。苦茶。味甘苦。微寒。無毒。主瘻瘡。利小便。去痰渴熱。令人少睡。秋採之苦。主下氣消食。注云。春採之。

本草。菜部。苦菜。一名荼。一名選。一名游冬。生益州川谷。

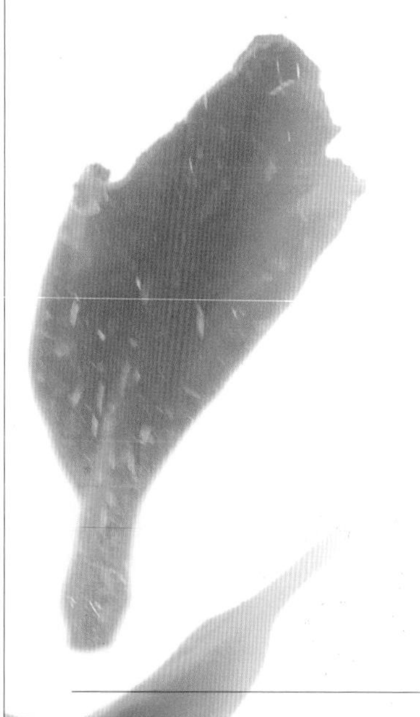

《坤元录》[1]：“辰州溆浦县西北三百五十里无射(yì)山[2]，云蛮俗当吉庆之时，亲族集会歌舞于山上。山多茶树。”

译文 《坤元录》中记载：“在辰州溆浦县（今湖南一带）西北三百五十里的无射山，当地少数民族的风俗，每逢吉庆时日，亲族都到山上唱歌跳舞。山上有很多茶树。”

《括地图》[3]：“临蒸县[4]东一百四十里有茶溪。”

译文 《括地图》中记载：“临蒸县以东一百四十里的地方有茶溪。”

山谦之《吴兴记》[5]：“乌程县[6]西二十里，有温山，出御荈(chuǎn)。”

译文 山谦之《吴兴记》中记载：“乌程县西二十里的地方有温山，出产御茶。”

[1]《坤元录》：古代地理著作，唐初魏王李泰主编。今已散佚。

[2] 无射山：无射，东周景王时的钟名，推断此山像钟而名，属于湘西武陵山脉。

[3]《括地图》：当为《括地志》，古代大型地理著作，唐初魏王李泰主编。曾疑与《坤元录》为一本书，今已散佚。

[4] 临蒸县：原为“临遂县”，据《舆地纪胜》改，今湖南省衡阳市一带。

[5]《吴兴记》：古代地理著作，区域志，南朝宋山谦之著。

[6] 乌程县：今浙江湖州一带。

《夷陵图经》[1]："黄牛[2]、荆门[3]、女观[4]、望州[5]等山，茶茗出焉。"

译文 《夷陵图经》中记载："黄牛、荆门、女观、望州等山都产茶。"

《永嘉图经》[6]："永嘉县东三百里[7]有白茶山。"

译文 《永嘉图经》中记载："在永嘉县以东三百里的地方有白茶山。"

《淮阴图经》[8]："山阳县南二十里有茶坡。"

译文 《淮阴图经》中记载："在山阳县以南二十里的地方有茶坡。"

---

〔1〕《夷陵图经》：图经，为唐代官修地方志；夷陵，在今湖北宜昌市东南。

〔2〕黄牛：在今湖北宜昌。

〔3〕荆门：在今湖北宜都。

〔4〕女观：在今湖北杭城。

〔5〕望州：今宜昌、宜都交界处。

〔6〕《永嘉图经》：永嘉，在今浙江省。永嘉郡，东晋太宁元年（323）分临海郡置，治永宁县（今浙江温州）。

〔7〕东三百里：《光绪永嘉县志》卷二《舆地志·山川》载"茶山，在城东南二十五里，大罗山之支"，与《茶经》所述"东三百里"里数不合，且永嘉县东三百里为东海，不可能有茶山，有疑为"南三百里"之误，永嘉县南三百里为长溪县（今福建福鼎），但《永嘉图经》的记载不可能超出县域，因此疑为"东三十里"之误。

〔8〕《淮阴图经》：淮阴，今江苏淮安。文中山阳县即今淮安一带。

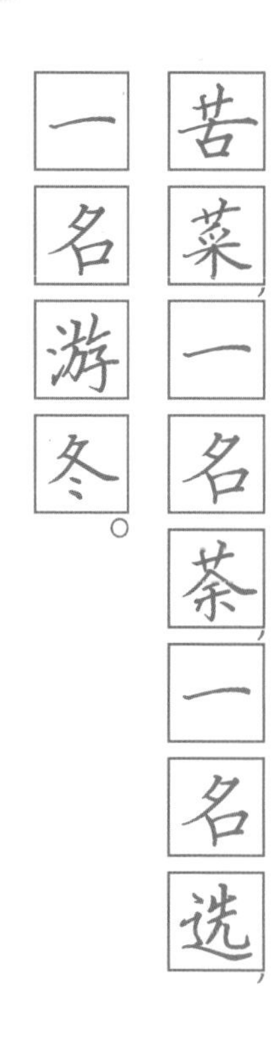

《茶陵图经》[1]云："茶陵者，所谓陵谷生茶茗焉。"

译文 《茶陵图经》中记载："茶陵，意思就是出产茶茗的山陵和深谷。"

《本草·木部》[2]："茗，苦茶。味甘苦，微寒，无毒。主瘘(lòu)疮，利小便，去痰渴热，令人少睡。秋采之苦，主下气消食。"注云："春采之。"

译文 《本草·木部》中记载："茗，又叫做苦茶，味道苦中带甜，性微寒，没有毒性。主治瘘疮，利尿，去痰，解渴散热，使人睡眠减少。秋天采摘的有苦味，能通气，助消化。"原注说："要在春天采摘。"

---

[1]《茶陵图经》：茶陵，在今湖南省。

[2]《本草·木部》：此处《本草》应指《新修本草》，唐代记录草药的著作。

《本草·菜部》:“苦菜[1],一名茶,一名选,一名游冬,生益州川谷,山陵道傍,凌冬不死。三月三日采,干。”注云:“疑此即是今茶,一名茶[2],令人不眠。”

译文 《本草·菜部》中记载:“苦菜,又称茶,又称选,还称为游冬,生在益州(今四川西部)的河谷、山陵和道路旁,即使在寒冷的冬天也不会冻死。三月三日采下,焙干。”原注说:这或许就是如今所谓的茶,又叫茶,饮后让人无睡意。

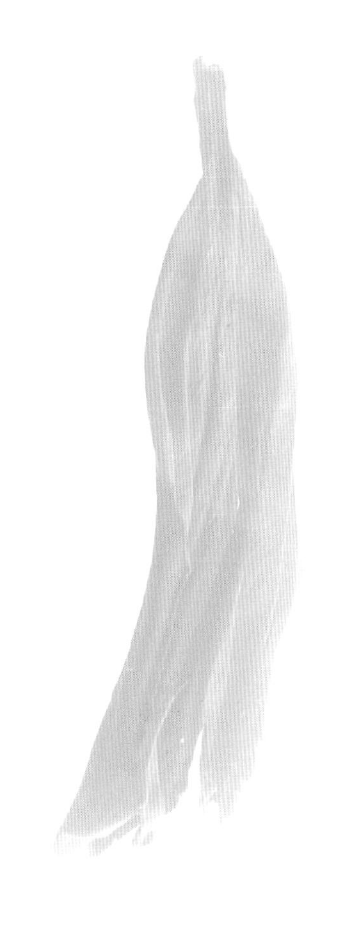

《本草注》:“按《诗》云‘谁谓茶苦[3]’,又云‘堇(jǐn)茶[4]如饴’,皆苦菜也。陶谓之苦茶,木类,非菜流。茗,春采,谓之苦搽。”

译文 《本草注》:“按《诗经》说‘谁谓茶苦’,又说‘堇茶如饴’,这些指的都是苦菜。陶弘景说苦茶是木本植物类,不是菜类。在春季采摘的茗叫作苦搽。”

[1] 苦菜:菜,原作“茶”,据长编本改。

[2] 一名茶:《百川学海》本写作“一名茶”,据陶氏本改。

[3] 茶苦:《百川学海》本写作“茶苦”,据竟陵本改。

[4] 堇茶:《百川学海》本写作“堇茶”,据秋水斋本改。

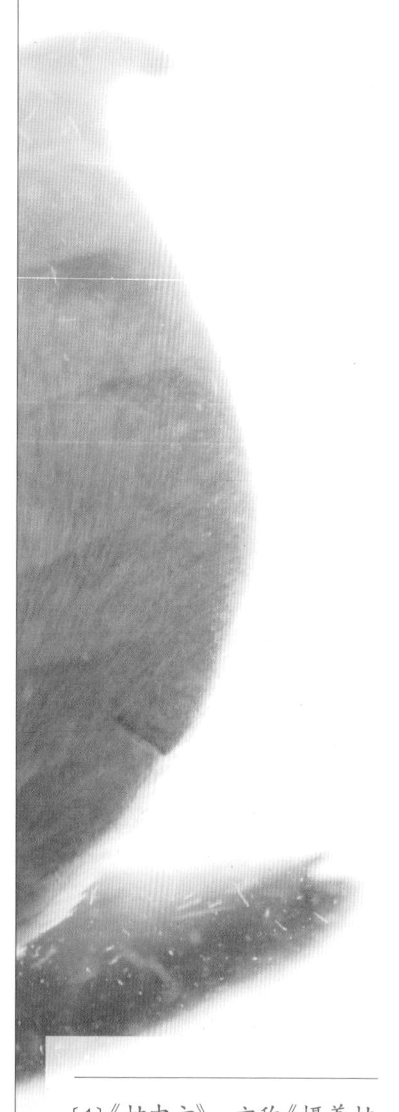

《枕中方》[1]:“疗积年瘘(lòu)[2],苦茶、蜈蚣并炙,令香熟,等分,捣筛,煮甘草汤洗,以末傅(fū)[3]之。”

译文 《枕中方》中记载:“治疗多年的瘘疮,用苦茶和蜈蚣放在火上一起烤,等到它们烤熟散发香气,分相等的几份,捣碎筛成末,另煮甘草汤擦洗患处,然后用末敷上。”

《孺(rú)子方》[4]:“疗小儿无故惊蹶(jué)[5],以苦茶、葱须煮服之。”

译文 《孺子方》中记载:“治疗小孩无故惊厥,用苦茶和葱须煎煮服下。”

[1]《枕中方》:亦称《摄养枕中方》,唐代医药学家孙思邈的著作,为道家养生书。

[2] 瘘:颈部生疮。

[3] 傅:通“敷”。

[4]《孺子方》:所指不详,应为小儿医书类。

[5] 惊蹶:即惊厥,抽筋,惊风。

(五代)顾闳中——韩熙载夜宴图(局部)

古法今观

从唐代八大产区开始，中国的产茶区经宋、元、明的发展，进一步扩大，尤其是茶事鼎盛的宋代发展最为迅速，宋代茶叶生产重心南移，茶区分布于长江流域和淮南一带，主要产地是江南、淮南、荆湖、浙江和福建。

浙東以越州上。餘姚縣生瀑布泉嶺曰仙茗。大者殊異。小者與襄州同。明州。婺州次。明州貿縣生榆筴村。婺州東陽縣東白山。與荊州同。台州下。始豐縣生赤城山者。與歙州同。

黔中生思州。播州。費州。夷州。

江南生鄂州。袁州。吉州。

嶺南生福州。建州。韶州。象州。福州生閩縣方山之陰也。

其思。播。費。夷。鄂。袁。吉。福。建。韶。象十一州未詳。

往往得之。其味極佳。

八之出

陆羽在《茶经》开篇《一之源》中就说道：「茶为累也。亦犹人参。上者生上党……」可见产地对茶尤为重要。虽时过境迁，唐代的行政划分已与今时今日差别甚远，但也能以古观今，照验今之茶叶产地。

八之出

山南以峽州上。峽州生遠安、宜都、夷陵三縣山谷。襄州、荆州次。襄州生南漳縣山谷。荆州生江陵縣山谷。衡州下。生衡山、茶陵二縣山谷。金州、梁州又下。金州生西城、安康二縣山谷。梁州生襃城、金牛二縣山谷。

淮南以光州上。生光山縣黄頭港者，與峽州同。義陽郡、舒州次。生義陽縣鍾山者，與襄州同。舒州生太湖縣潛山者，與荆州同。壽州下。盛唐縣生霍山者，與衡山同也。蘄州、黄州又下。蘄州生黄梅縣山谷，黄州生麻城縣山谷，並與金州、梁州同也。

浙西以湖州上。湖州生長城縣顧渚山谷，與峽州、光州同；生山桑、儒師二塢，白茅山懸脚嶺，與襄州、荆南、義陽郡同；生鳳亭山伏翼閣飛雲、曲水二寺，啄木嶺，與壽州、衡州同；生安吉、武康二縣山谷，與金州、梁州同。常州次。常州義興縣生君山懸脚嶺北峯下，與荆州、義陽郡同；生圈嶺善權寺、石亭山，與舒州同。宣州、杭州、睦州、歙州下。宣州生宣城縣雅山，與蘄州同；太平縣生上睦、臨睦，與黄州同；杭州臨安、於潛二縣生天目山，與舒州同；錢塘生天竺、靈隱二寺；睦州生桐廬縣山谷；歙州生婺源山谷，與衡州同。潤州、蘇州又下。潤州江寧縣生傲山，蘇州長州縣生洞庭山，與金州、蘄州、梁州同。

劍南以彭州上。生九隴縣馬鞍山至德寺、棚口，與襄州同。綿州、蜀州次。綿州龍安縣生松嶺關，與荆州同；其西昌、昌明、神泉縣西山者並佳；有過松嶺者，不堪採。蜀州青城縣生丈人山，與綿州同。青城縣有散茶、木茶。邛州次。雅州、瀘州下。雅州百丈山、名山，瀘州瀘川者，與金州同也。眉州、漢州又下。眉州丹稜縣生鐵山者，漢州綿竹縣生竹山者，與潤州同。

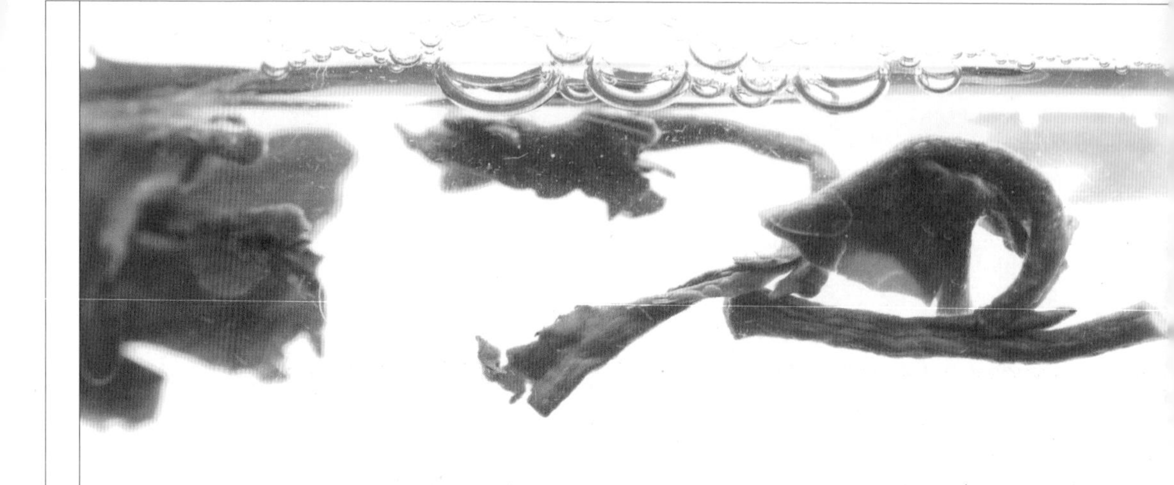

山南[1]以峡州[2]上，襄州[3]、荆州[4]次，

衡州[5]下，金州[6]、梁州[7]又下。

淮南[8]以光州[9]上，义阳郡[10]、舒州[11]

次，寿州[12]下，蕲（qí）州[13]、黄州[14]又下。

译文　山南茶区的茶以峡州产的为最好，襄州、荆州产的品质次之，衡州一带产的差些，金州、梁州所产的的又差一些。

淮南茶区的茶，以光州产的为最好，义阳郡、舒州产的次之，寿州产的较差，蕲州、黄州产的又差一些。

[1] 山南：唐贞观十道之一，因在终南、太华二山之南，故名。今终南山、太华山以南地区。

[2] 峡州：地处三峡之口，治所在如今湖北宜昌。《百川学海》本夹注进一步解释，峡州茶区的茶产于远安、宜都、夷陵（今湖北宜昌）东南三县山谷。

[3] 襄州：隋襄阳郡，今湖北襄樊。《百川学海》本夹注进一步解释，襄州茶区的茶产于南漳县（陕西南漳）山谷。

[4] 荆州：《百川学海》本夹注进一步解释，荆州茶区的茶产于湖北江陵山谷。

[5] 衡州：隋衡山郡，今湖南衡阳。《百川学海》本夹注进一步解释，衡州茶区的茶产于衡山、茶陵（隶属湖南株洲）二县山谷。

[6] 金州：唐代山南道安康郡，治所在现在的陕西安康。《百川学海》本夹注进一步解释，金州茶区的茶产于西城（今陕西安康）、安康（今陕西汉阴）二县山谷。

[7] 梁州：今陕西汉中。《百川学海》本夹注进一步解释，梁州茶区的茶产于褒城（今陕西汉中县西北）、金牛（今陕西宁强县）二县山谷。

[8] 淮南：唐贞观十道，开元十五道之一，因在淮河以南，故名。今淮河以南、长江以北地区。

[9] 光州：今河南光山。《百川学海》本夹注进一步解释，光州茶区的茶产于光山县（河南光山）黄头港者，与峡州同。

[10] 义阳郡：今河南信阳。《百川学海》本夹注进一步解释，义阳郡茶区的茶产于义阳县（信阳南部）钟山，与襄州（湖北襄樊）同。

[11] 舒州：今安徽舒城附近。《百川学海》本夹注进一步解释，舒州茶区的茶产于太湖县（安徽太湖）潜山，与荆州同。

[12] 寿州：《百川学海》本夹注进一步解释，寿州茶区的茶产于盛唐县（安徽六安）生霍山，与衡山（湖南衡山）同。

[13] 蕲州：湖北蕲春一带。《百川学海》本夹注进一步解释，蕲州茶区的茶产于黄梅县（湖北黄梅）山谷。

[14] 黄州：湖北黄冈一带。《百川学海》本夹注进一步解释，黄州茶区的茶产于麻城县（湖北东北部麻城）山谷，蕲州、黄州所产的茶与金州（陕西安康）、梁州（陕西汉中）同。

浙西[1]以湖州[2]上，常州[3]次，宣州[4]、杭州[5]、睦州[6]、歙(shè)州[7]下，润州[8]、苏州[9]又下。

剑南[10]以彭州[11]上，绵州[12]、蜀州[13]次，邛(qióng)州[14]次，雅州[15]、泸州[16]下，眉州[17]、汉州[18]又下。

译文 浙西茶区产的茶，以湖州产的为最好，常州产的次之，宣州、杭州、睦州、歙州产的差些，润州、苏州产的又差一些。

剑南茶区的茶，以彭州产的为最好，绵州、蜀州产的次之，邛州产的又次之，雅州、泸州的差些，眉州、汉州又差一些。

---

〔1〕浙西：唐代浙江西道，唐贞观十道之一。今江苏南部、浙江北部地区。

〔2〕湖州：湖州茶区的茶产于长城县（今长兴）顾渚山谷，与峡州、光州（今河南光山）同。产于湖州的山桑、儒师二坞，白茅山悬脚岭的茶，与襄州（今湖北襄樊）、荆南（今湖北秭归、宜昌）、义阳郡（今河南信阳）同。产于湖州凤亭山伏翼阁，飞云、曲水二寺，啄木岭的茶，与寿州、衡州同；产于安吉、武康二县山谷的茶，与金州（今陕西安康）、梁州（今陕西汉中）同。

〔3〕常州：今江苏常州。常州茶区的茶产于义兴县（今江苏宜兴）君山悬脚岭北峰下，与荆州、义阳郡（今河南信阳）同；产于圈岭善权寺、石亭山的茶，与舒州（今安徽舒城）同。

〔4〕宣州：今安徽宣城一带。宣州茶区的茶产于宣城县雅山，与蕲州（今湖北蕲春）同；产于太平县（今安徽马鞍山）上睦、临睦的茶，与黄州（今湖北黄冈一带）同。

〔5〕杭州：今浙江杭州。杭州茶区的茶产于临安、於潜（今属于临安）二县天目山的，与舒州（今安徽舒城）同；钱塘茶区的茶产于天竺、灵隐二寺。

〔6〕睦州：今淳安、建德一带。睦州茶区的茶产于桐庐县山谷。

〔7〕歙州：今安徽歙县。歙州茶区的茶产于婺源山谷，宣州、杭州、睦州、歙州的茶与衡州（今湖南衡阳）同。

〔8〕润州：今江苏镇江。润州茶区的茶产于江宁县（今南京江宁）傲山。

〔9〕苏州：今江苏苏州。苏州茶区的茶产于长洲县（今江苏吴县）洞庭山，润州、苏州的茶与金州（今陕西安康）、蕲州（今湖北蕲春）、梁州（今陕西汉中）同。

〔10〕剑南：唐贞观十道之一，因其在剑门山以南，故名。辖境在今天的四川大部和云南、贵州、甘肃等部分。

〔11〕彭州：今四川彭州、都江堰一带。彭州茶区的茶产于九陇县（今四川彭州）马鞍山至德寺、棚口，与襄州（今湖北襄樊）同。

〔12〕绵州：今四川绵阳一带。绵州茶区的茶产于龙安县（今四川安县东北）松岭关，与荆州同；产于西昌县（今四川安县东南）、昌明县（今四川江油以南）和神泉县（今四川安县南）西山所产的茶一样好，过了松岭的就不值得采摘了。

〔13〕蜀州：今四川崇宁。蜀州茶区的茶产于青城县（今四川都江堰）丈人山，与绵州（今四川绵阳一带）同。青城县有散茶、木茶两种。

〔14〕邛州：今四川邛崃一带

〔15〕雅州：今四川雅安一带。雅州茶区的茶产于百丈山、名山。

〔16〕泸州：今四川泸州一带。泸州茶区的茶产于泸川，雅州、泸州的茶与金州（今陕西安康）同。

〔17〕眉州：今四川眉山。眉州茶区的茶产于丹稜县（今四川中部之丹棱）铁山。

〔18〕汉州：今四川广汉。汉州茶区的茶产于绵竹县（今四川北部绵竹）竹山，眉州、汉州的茶与润州（今江苏镇江）同。

浙东[1]以越州[2]上，明州[3]、婺(wù)州[4]次，台(tāi)州[5]下。

黔(qián)中[6]生思州[7]、播州[8]、费州[9]、夷州[10]。

江南[11]生鄂州[12]、袁州[13]、吉州[14]。

译文 浙东茶区的茶，以越州产的为最好，明州、婺州产的次之，台州产的差些。黔中茶区的茶产于思州、播州、费州、夷州。江南茶区的茶，产地是鄂州、袁州、吉州。

---

[1] 浙东：唐代浙江东道节度使方镇，治所在越州（今浙江绍兴），辖境在今天的浙江衢江流域、浦阳江流域以东地区。

[2] 越州：产于余姚瀑布泉岭的，叫作仙茗，大叶的比较不寻常，小叶的与襄州（今湖北襄樊）同。

[3] 明州：今浙江宁波。明州茶区的茶产于鄮县（宁波之故称）榆荚村。

[4] 婺州：今浙江金华。婺州茶区的茶产于东阳县（今浙江金华）东白山，明州、婺州的茶都与荆州同。

[5] 台州：今浙江临海一带。台州茶区的茶产于始丰县（今浙江临海）赤城山的，与歙州同。

[6] 黔中：唐开元十五道之一，辖境包括今四川东部及湖南、贵州的一部分。

[7] 思州：底本作"恩州"。唐无恩州，疑为思州之误，在贵州沿河东。

[8] 播州：唐贞观十三年置，治恭水县，辖境在今贵州遵义、桐梓一带。

[9] 费州：今贵州德江东南一带。

[10] 夷州：今贵州凤冈、绥阳、湄潭一带。

[11] 江南：唐贞观十道之一，今江苏、安徽的长江以南地区以及湖北、四川、贵州的部分地区。

[12] 鄂州：今湖北武墨、鄂州、黄石一带。

[13] 袁州：今江西宜春、萍乡一带。

[14] 吉州：今江西吉安新干、泰和一带。

岭南[1]生福州[2]、建州[3]、韶州[4]、象州[5]。

译文 岭南茶区的茶产地是福州、建州、韶州、象州。

其思、播、费、夷、鄂、袁、吉、福、建、韶、象十一州未详，往往得之，其味极佳。

译文 对于思、播、费、夷、鄂、袁、吉、福、建、韶、象这十一州的产茶情况，了解得还不大清楚，但常常获得这些地方所产的茶，品尝一下，觉得味道非常之好。

---

〔1〕岭南：唐贞观十道之一，因在五岭之南而得名，治所在今广州，辖境在今广东、广西和越南的北部一带。五岭，由越城岭、都庞岭、萌渚岭、骑田岭、大庾岭五座山组成，故又称"五岭"，是中国江南最大的横向构造带山脉，是长江和珠江二大流域的分水岭。

〔2〕福州：福州茶区的茶产于闽县方山之阴也。此处闽县，隋开皇十二年（592）改原丰县置，初为泉州、闽州治，开元十三年（725）改为福州治。天宝初为长乐郡治，乾元初复为福州治。方山，在福州闽县，北宋乐使《太平寰宇记》卷一〇〇记方山"在州南七十里，周迴一百里，山顶方平，因号方山"。方山产茶，唐李肇《唐国史补》卷下载"福州有方山之露芽"。

〔3〕建州：今建瓯、南平一带。建，底本于此字下有一"泉"字为衍字，据汪氏本删。

〔4〕韶州：今广东韶关曲江、翁源一带。

〔5〕象州：今广西中部象州、武宣一带。

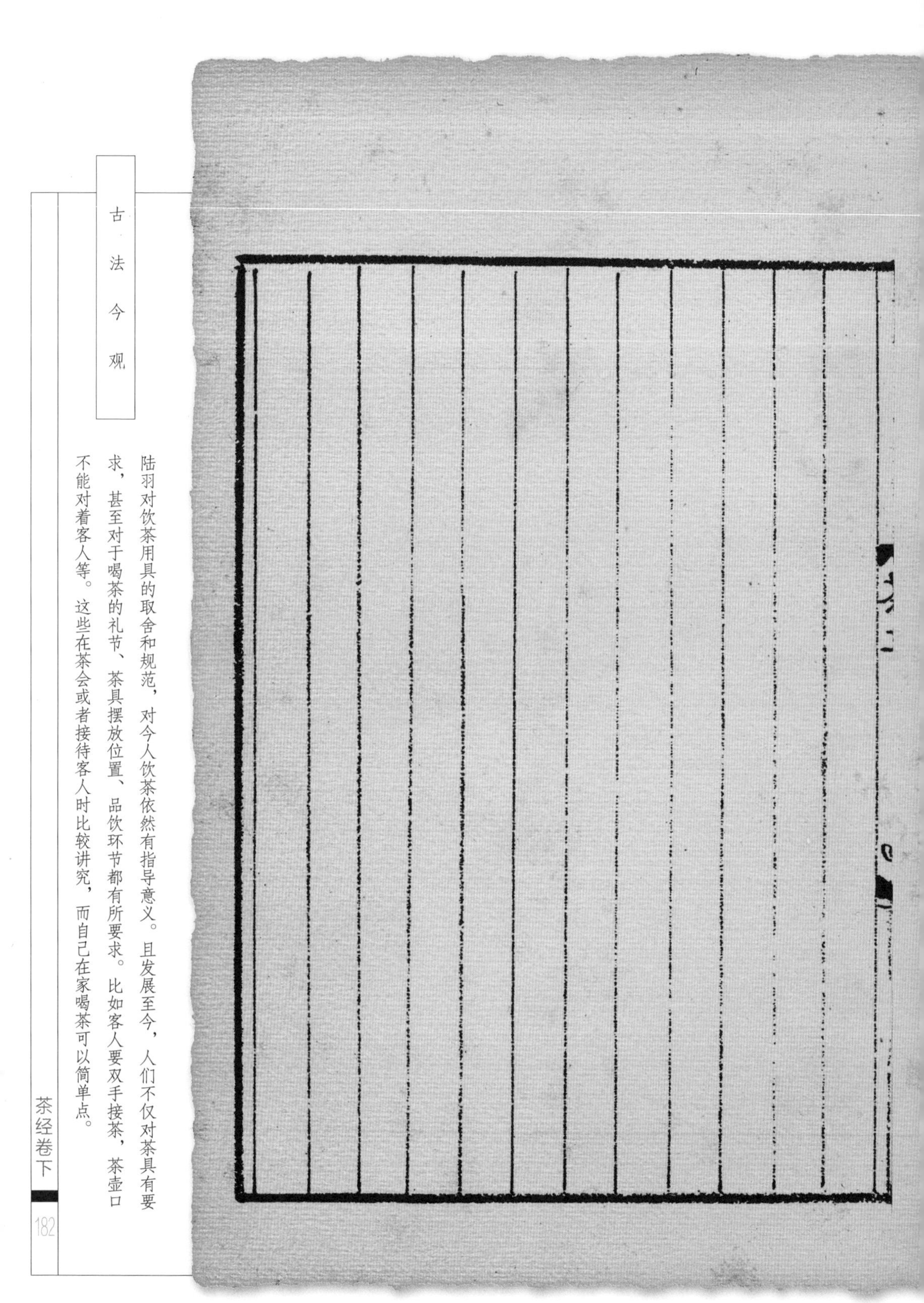

古法今观

陆羽对饮茶用具的取舍和规范，对今人饮茶依然有指导意义。且发展至今，人们不仅对茶具有要求，甚至对于喝茶的礼节、茶具摆放位置、品饮环节都有所要求。比如客人要双手接茶，茶壶口不能对着客人等。这些在茶会或者接待客人时比较讲究，而自己在家喝茶可以简单点。

九之略

虽然饮茶需要讲究，但陆羽根据情境调整，根据情况不同，可以舍去一些「讲究」。而且从中既能看到，那些林间溪边，新泉活火的高雅之士的饮茶风尚，也能看到陆羽对饮茶的规范化。

九之略

其造具。若方春禁火之時。於野寺山園。叢手而掇。乃蒸乃舂乃拍。以火乾之。則又棨撲焙貫棚穿育等七事皆廢。其煮器。若松間石上可坐。則具列廢。用槁薪鼎鑪之屬。則風爐灰承炭檛火筴交床等廢。若瞰泉臨澗。則水方滌方漉水囊廢。若五人已下。茶可末而精者。則羅合廢。若援藟躋嵓。引絙入洞。於山口炙而末之。或紙包合貯。則碾拂末等廢。既瓢盌筴札熟盂鹺簋悉以一筥盛之。則都籃廢。但城邑之中。王公之門。二十四器闕一。則茶廢矣。

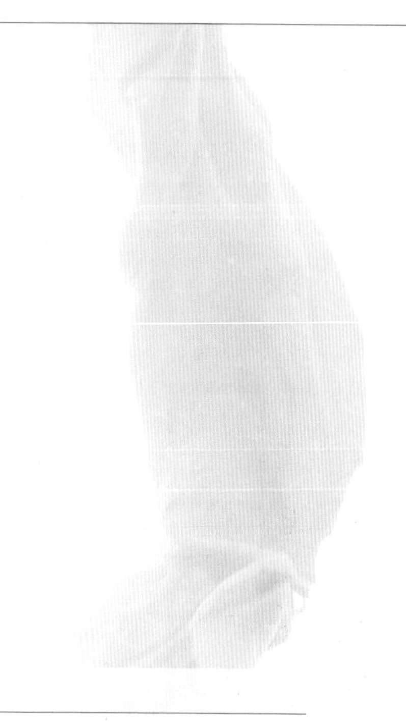

其造具，若方[1]春禁火[2]之时，于野寺山园，从手[3]而掇，乃蒸，乃舂(chōng)[4]，乃拍[5]，以火干之，则又棨(qǐ)[6]、扑[7]、焙[8]、贯[9]、棚[10]、穿[11]、育[12]等七事皆废。

[1] 方：正当。

[2] 禁火：寒食节，即清明节前一日或二日，旧俗以寒食节禁火冷食。

[3] 从手：一起动手。

[4] 舂：捣碎。

[5] 拍：《百川学海》本原本为墨丁，据竹素园本补。

[6] 棨：锥刀。

[7] 扑：竹鞭。

[8] 焙：焙坑。

[9] 贯：细竹条。

[10] 棚：置焙坑上的棚架。《百川学海》本此处为“相”，据竟陵本改。

[11] 穿：细绳索。

[12] 育：贮藏工具。

译文 关于制茶工具，如果正当初春寒食节的时候，在野外寺院或山林茶园，大家一齐动手采摘，当即蒸熟，捣碎、拍压，用火烘烤干燥，那么，棨、扑、焙、贯、棚、穿、育等七种工具以及制茶的这七道工序都可以不要了。

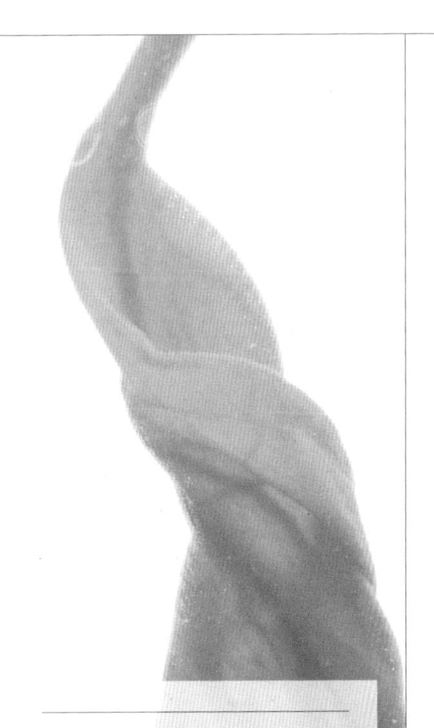

其煮器，若松间石上可坐，则具列[1]废。用稿（gǎo）薪、鼎枥（lì）[2]之属，则风炉[3]、灰承[4]、炭挝（zhuā）[5]、火筴[6]、交床[7]等废。

译文 关于煮茶用具，如果在松林间石头上可以放置器具，那么具列可以不要。如果用干柴、鼎锅之类烧水，那风炉、灰承、炭挝、火筴、交床等都可不用。

若瞰（kàn）泉临涧（jiàn）[8]，则水方[9]、涤（dí）方[10]、漉（lù）水囊[11]废。若五人已下，茶可末而精者，则罗合[12]废。

译文 若是在泉水或溪边，则水方、涤方、漉水囊也可以不要。如果饮茶在五人以下，茶又可碾得精细，就不必用罗合筛茶了。

[1] 具列：陈列床或陈列架。

[2] 鼎枥：三足两耳的锅，可直接在其下生火，而不需炉灶。枥，原本作“枥”，据文义改。

[3] 风炉：生火炉。

[4] 灰承：接灰盘

[5] 炭挝：碎炭工具。

[6] 火筴：夹炭工具。

[7] 交床：架锅工具。

[8] 瞰泉临涧：瞰，从高向低看；涧，小溪。

[9] 水方：盛废水的工具。

[10] 涤方：盛茶渣的工具。

[11] 漉水囊：过滤水的工具。

[12] 合：《百川学海》本原句脱，据涵芬楼本补。

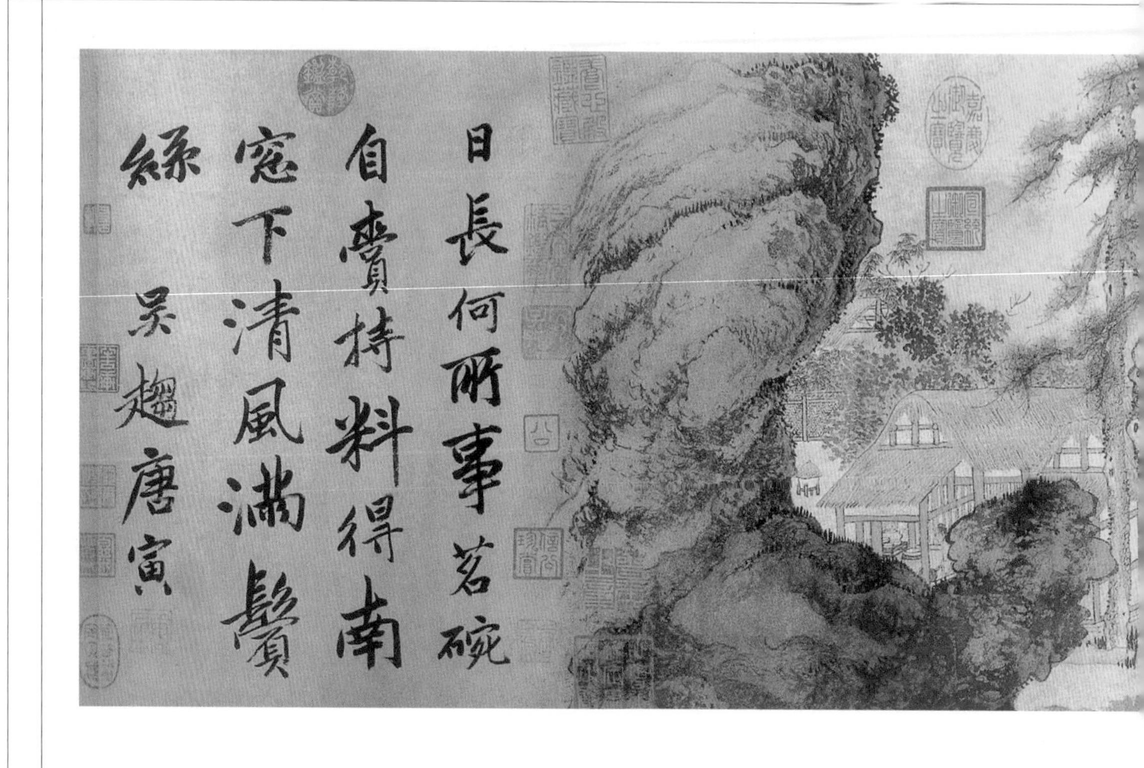

若援藟(lěi)[1]跻[2]岩，引绠(gēng)[3]入洞，于山口炙而末之，或纸包合贮，则碾(niǎn)[4]、拂末[5]等废。

译文 倘若要攀藤附葛，登上险岩，沿着粗大绳索进入山洞，便先在山口把茶烤好捣细，或用纸包，或用盒装，那么，碾、拂末也可以不用了。

---

〔1〕藟：藤。

〔2〕跻：登上的意思。

〔3〕引绠：引，牵引。绠，粗绳。

〔4〕碾：碾碎饼茶的工具。

〔5〕拂末：清理茶末的工具。

明 唐寅 事茗图

既瓢[1]、碗[2]、筴[3]、札[4]、熟盂(yú)[5]、鹾(cuó)簋(guǐ)[6]悉以一筥(jǔ)盛之，则都篮废。但城邑(yì)之中，王公之门，二十四器阙(quē)一，则茶废矣。

译文 要是瓢、碗、竹筴、札、熟盂、鹾簋都能用筥装下，都篮也可以省去。但是，在城市中，王公贵族之家，如果二十四种器皿中缺少一样，那么茶就废败了。

[1] 瓢：舀水工具。

[2] 碗：饮茶用具。

[3] 筴：竹筴，煮茶时用的搅拌工具。

[4] 札：清洁茶器的工具。

[5] 熟盂：盛开水的容器。

[6] 鹾簋：盛盐取盐工具。鹾，底本作“醝”，据秋水斋本改。

茶道是茶与精神的结合，以茶为载体，追求「味」和「心」的最高享受，体现出中国传统文化思想与人文精神。陆羽启发人们建立「茶空间」，从外到内，感受茶的气息。

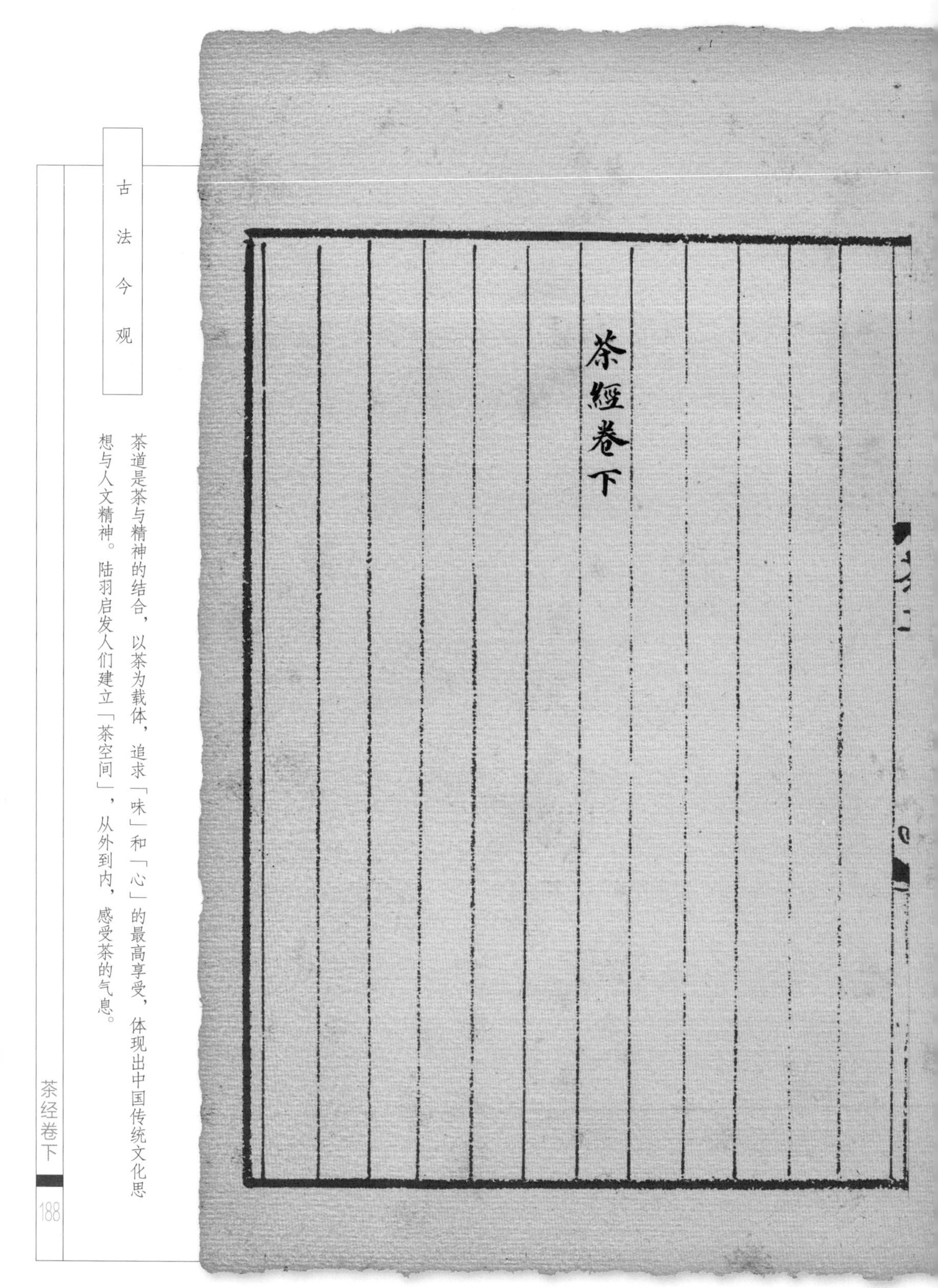

十之圖

以絹素或四幅或六幅。分布寫之。陳諸座隅。則茶之源。之具。之造。之器。之煑。之飲。之事。之出。之略。目擊而存。於是茶經之始終備焉。

十之图

陆羽在文之最后提出，把《茶经》全文用白绢书写并悬挂室内，以供随时观赏。茶，不再是一杯一席一桌的事情，而是你的整个房间，你的心，都要时时浸润茶中。

以绢素或四幅或六幅[1]，分布写之，陈诸座隅[2]，则茶之源、之具、之造、之器、之煮、之饮、之事、之出、之略目击[3]而存，于是《茶经》之始终备焉。

译文 用四幅或六幅白绢，把上述内容分别写出来，张挂在座位旁边。这样，茶的起源、采制工具、制茶方法、煮饮器具、煮茶方法、饮茶方法、有关茶事的记载、产地以及茶具的省略方式等，便随时都可以看到，看在眼里并牢记于心，于是《茶经》从头至尾的内容就完备了。

十之图：《四库全书总目》称"其曰图者，乃谓统上九类写绢素张之，其类十，其文实九。"即原来就有文无图，并非后来亡佚。图写张挂，形似图。陆羽《茶经》此形式也无留存。

将本书封面取下，展开即为《茶经》全文，践行十之图之要义。

[1] 幅：唐令规定，绸织物一幅是一尺八寸。

[2] 座隅：座位边。

[3] 击：接触。

宋 宋徽宗——文会图(局部)

图书在版编目（CIP）数据

陆羽茶经：经典本 / 王建荣编译 .—南京：江苏凤凰科学技术出版社，2019.01（2023.05 重印）
（汉竹 • 健康爱家系列）
ISBN 978-7-5537-9306-1

Ⅰ．①陆… Ⅱ．①王… Ⅲ．①茶文化－中国－古代②《茶经》－译文③《茶经》－注释
Ⅳ．① TS971.21

中国版本图书馆 CIP 数据核字（2018）第 109760 号

中国健康生活图书实力品牌

陆羽茶经：经典本

著　　者　[唐] 陆羽
编　　译　王建荣
责任编辑　刘玉锋　姚　远
特邀编辑　阮瑞雪　荣　仪
责任校对　仲　敏
责任监制　刘文洋

出版发行　江苏凤凰科学技术出版社
出版社地址　南京市湖南路 1 号 A 楼，邮编：210009
出版社网址　http://www.pspress.cn
印　　刷　合肥精艺印刷有限公司

开　　本　720 mm × 1 000 mm　1/16
印　　张　12
字　　数　200 000
版　　次　2019 年 1 月第 1 版
印　　次　2023 年 5 月第 19 次印刷

标准书号　ISBN 978-7-5537-9306-1
定　　价　49.80 元